新时代航空服务类系列教材

总主编　陈　倩　李　俊　谢媛媛

民航应用文写作

主　编　尹绪彪　倪　亮　鲁金龙

重庆大学出版社

图书在版编目(CIP)数据

民航应用文写作 / 尹绪彪, 倪亮, 鲁金龙主编 . 重庆 : 重庆大学出版社, 2025. 5. -- (新时代航空服务类系列教材). -- ISBN 978-7-5689-5211-8

Ⅰ. V2

中国国家版本馆 CIP 数据核字第 2025GZ2440 号

民航应用文写作

MINHANG YINGYONGWEN XIEZUO

主　编　尹绪彪　倪　亮　鲁金龙

策划编辑:唐启秀

责任编辑:李桂英　　版式设计:唐启秀

责任校对:谢　芳　　责任印制:张　策

*

重庆大学出版社出版发行

社址:重庆市沙坪坝区大学城西路 21 号

邮编:401331

电话:(023)88617190　88617185(中小学)

传真:(023)88617186　88617166

网址:http://www.cqup.com.cn

邮箱:fxk@cqup.com.cn(营销中心)

全国新华书店经销

重庆市正前方彩色印刷有限公司印刷

*

开本:787mm×1092mm　1/16　印张:13.5　字数:265 千

2025 年 5 月第 1 版　2025 年 5 月第 1 次印刷

ISBN 978-7-5689-5211-8　定价:42.00 元

编委会

编写说明

20世纪初莱特兄弟发明飞机以来，民航业在世界范围内以蓬勃之势迅猛发展，民航业已然成为各国相互沟通的重要桥梁。中国的民航业虽然起步相对较晚，但蓬勃发展之势不可阻挡。

突如其来的新冠疫情对世界民航业产生了一定冲击，但这并不影响民航业的复苏与继续发展，尤其是对正阔步与世界交融的中国民航业而言。随着我国自主研发的C919问世并成功实现商业首飞，中国在世界民航业的地位进一步提升。同时，与之密切相关的空中乘务专业、机场运行服务与管理专业、航空服务艺术与管理专业等将有更好的“生存土壤”和发展空间。

基于此，为进一步加强新形势下的专业发展，全面提高民航服务人员的综合素质，提升其服务水平，培养适合中国式现代化发展水平的民航服务人才，我们决定组织编写一套既符合专业特性又有别于现有教材，既有行业可操作性又具理论深度的“新”教材。为体现“新”，本套教材进行了五个方面的思考。

一是注重课程思政内容。本套教材特别突出课程思政内容，以为党和国家培养人才为目的。或以鲜活案例呈现，或在教材知识点中体现，以此培育学生爱党、爱国、爱职业的思想，不断植入社会主义核心价值观，着实践行“三全育人”理念。

二是兼顾不同教学层次，力争符合本专科学生的课程学习要求。航空服务艺术与管理专业和空中乘务专业，培养目标有相似之处，即培养机上服务人员的相关能力，只是前者立足于本科生，后者立足于专科生。并且由于民航业的特殊性，关于技术操作，本专科的学习内容是一致的，且无论本科还是专科，该部分内容皆是学习重点。因此，针对这些内容本套教材实现了全覆盖。而本专科教学层次不同的部分，本套教材主要以“拓展内容”的形式体现本科教学所需的“两性一度”，即高阶性、创新性和挑战度，方便教师指导学生。

三是本套教材大致为两种体例。理论性较强的，按传统章节的形式呈现；实践性较强的，按任务式或工作手册的形式呈现。但无论何种体例，每章或每个项目内容均以问题为导向，并附有思维导图，不仅方便教师明确该部分内容的教学目标、重点和难点，更方便帮助学生梳理知识与知识之间、章节与章节之间的逻辑关系。

四是本套教材的实践性内容所占比重较大且数字化程度较高。本套教材的实践性内容占比近50%，其与航空服务艺术与管理专业、空中乘务专业的专业特性相符；方便使用该教材的教师在日后建设国家一流课程时所用。同时，为方便广大师生的使用，教材顺应了时代发展，大力彰显教材的数字化特性，实践性内容都附有相关视频和课件。

五是部分教材体现“1+X”的职业教育理念。无论何种教学层次，该专业的首要任务都是强调教学内容的实践和运用。为全面提升学生的行业竞争力，教材遵循“1+X”职业教育理念。凡是涉及职业资格证书的教学内容，教材皆对相应职业资格证书及其获得途径进行了介绍。

为如愿达成上述目标，我们聘请了业内资深专家对全书进行了内容规划和指导，请航空服务艺术与管理专业以及空中乘务专业的一线老师执笔。这些老师既有丰富的飞行经验，又有较高的理论水平，分别从教于专门的民航院校以及综合院校的相关专业。

由于种种原因，本套教材还存在诸多不足之处，以待后续完善。敬请各位同仁在日后的使用过程中批评指正！

丛书编者

2023年6月

前　言

党的二十大为全面建设交通强国民航篇章指明了方向。民航业作为现代交通运输体系的重要组成部分，承载着无数人的出行梦想与希望。在这个快速发展的行业中，每一位从业人员都肩负着重要的职责与使命，他们的工作不仅关乎飞行安全，更关乎服务品质与行业形象。而应用文写作，正是每一位民航从业人员不可或缺的基本技能之一。

应用文作为人类社会沟通交流的重要工具，在民航领域同样发挥着至关重要的作用。从航空公司的行政管理、运营规划，到机场的地面服务、安全保障，再到与乘客、合作伙伴的沟通与交流，每一个环节都离不开应用文写作的支持。一份清晰、准确、专业的应用文，不仅能够提高工作效率，更能够展现民航从业人员的专业素养与行业风采。

本书基于民航业对应用文写作的广泛需求，融合了课程思政的元素而编写。我们希望通过这本书，为全民航从业人员提供一个全面、系统、实用的应用文写作指南。本书从民航业的实际出发，结合不同岗位的工作特点与需求，精选了多种常用的应用文文体，共分为6章，第一章由禹常胜老师编写，第二章由文玮奇老师编写，第三章由倪亮老师编写，第四章由鲁金龙老师编写，第五章由张雪瑶老师编写，第六章由尹绪彪老师编写。每一种文体都配备了详细的写作方法、格式规范以及范例解析，旨在帮助读者掌握应用文写作的基本技巧与要点，提升他们的写作能力与专业素养。

在写作过程中，我们注重理论与实践相结合，力求做到内容全面、结构清晰、语言简洁。同时，我们也充分考虑到了民航从业人

员的实际需求，特别注重应用文的实用性与可操作性。我们希望这本书的出版，能够切实提高全民航从业人员的写作能力，为推动民航业的发展与进步尽绵薄之力。

最后，我们衷心感谢所有为本书的编写付出辛勤努力的同仁和朋友，也感谢广大读者对本书的关注与支持。愿本书能够成为全民航从业人员应用文写作的得力助手，陪伴他们在职业生涯中不断前行，共同书写民航事业的辉煌篇章！

中国民用航空飞行学院《民航应用文写作》编委

2024年10月13日于成都

目　录

第一章　应用文写作基础

第一节　应用文写作概述 ……………………………………003

第二节　民航应用文概述 ……………………………………006

第二章　民航公文基础

第一节　民航公文概述 ………………………………………013

第二节　民航公文种类 ………………………………………016

第三章　民航公文格式

第一节　民航机关公文格式 …………………………………025

第二节　公文格式各要素中易存在的主要问题 ……………032

第三节　民航特有公文格式:民航明传电报 …………………035

第四节　民航规范性文件 ……………………………………037

第四章　民航机关公文写作

第一节　决议 …………………………………………………049

第二节　决定 …………………………………………………052

第三节　命令 …………………………………………………057

第四节　公报 …………………………………………………061

第五节　公告 …………………………………………………067

第六节　通告 …………………………………………………070

第七节　意见 …………………………………………………074

第八节　通知 …………………………………………………078

第九节　通报 …………………………………………………085

第十节　报告 ……089
第十一节　请示 ……095
第十二节　批复 ……098
第十三节　函 ……102
第十四节　纪要 ……105
第十五节　议案 ……108

第五章　民航事务性文书写作范例

第一节　事务性文书概述 ……113
第二节　民航常用会务类文书 ……115
第三节　民航常用管理类文书 ……125
第四节　民航常用礼仪类文书 ……147
第五节　民航常用职场应用文书 ……154

第六章　民航其他专用文书

第一节　民航广播词 ……165
第二节　飞行日志 ……171
第三节　事故分析报告 ……176
第四节　民航各类手册 ……183
第五节　民航警务文书 ……190
第六节　其他特殊事项报告单 ……195

参考文献

>>> >>> 第一章

应用文写作基础

学习目标

知识目标：深入理解民航应用文的基本概念、特点及分类体系，明确其与通用应用文写作的差异化要求与规范。

能力目标：能够熟练运用民航专业术语和规范格式，撰写各类民航应用文书，确保内容准确、格式规范、语言专业。

素质目标：培养高度的安全意识、责任感及职业道德，在民航应用文写作中体现严谨求实的工作态度，确保信息传递的准确无误。

思维导图

应用文写作概述

- 应用文的定义及特点
- 应用文的分类及作用
- 公文与应用文的关系

民航应用文概述

- 民航应用文写作与常规应用文写作的区别
- 民航应用文和航空服务艺术与管理专业的关系

第一节　应用文写作概述

一、应用文的定义及特点

应用文的发展历史可谓源远流长，它随着人类社会的进步和复杂化而逐渐演变。从原始社会开始，人们就开始用各种方式来记录和传递信息，这些都可以视为应用文的雏形。

中国的商代出现了甲骨文，这些文字刻在龟甲和兽骨上，主要用于记录占卜结果和事件，它们可以被看作是早期应用文的雏形。而西周时期的金文，则刻在青铜器上，主要用于铭记功绩、祭祀等，进一步丰富了应用文的形式。随着秦始皇统一六国，实行了“书同文”的政策，规范了文字的书写和使用，极大地推动了应用文的发展。汉代的碑文、铭文、简牍等都是那个时期应用文的代表。

古埃及的象形文字和苏美尔的楔形文字也是早期应用文的代表，它们主要用于记录商业交易、法律条文、政府公文等。

古罗马时期的公文、信函、起诉状等则展现了应用文在西方社会的规范化和准确化。进入中世纪，随着城市的兴起和商业的繁荣，应用文又有了新的发展。商业信函、合同、账单等大量出现，成为商业交流的重要工具。

（一）应用文的定义

广义的应用文泛指人类在长期的社会实践活动中形成的一切应用文字，其文体有别于记叙文、抒情文和论说文，但界限并不十分明确。很多记叙文和论说文同样具有实用价值。它涵盖的范围相当广泛，包括各种实用性的文字表达形式。

狭义的应用文则主要指政府、机关、群众团体或企业法人间用于沟通的文字。这些文字具有明确的实用性和针对性，主要用于解决特定的问题或处理特定的事务。例如，公文、商务函电、契约、商务报告、商业广告、单据、会议纪要以及法律证件等都属于狭义应用文的范畴。

无论是广义还是狭义，应用文都是一种基于现实生活的实用性文章，旨在解决实际问题或满足特定需求。它们通常具有明确的写作目的、固定的格式和规范的语言，以确保信息的准确传递和有效沟通。

（二）应用文的特点

1. 实用性

应用文旨在解决实际问题，满足特定的工作、学习或生活需求。无论是通知、报告、合同还是其他类型的应用文，都是为了实现某种具体目的而写的，具有直接的实用价值。

2. 真实性

应用文要求内容真实、准确、可靠，不能够虚构或夸张。在撰写应用文时，必须确保所提供的信息和数据是客观存在的，能够反映实际情况和问题。

3. 针对性

不同类型的应用文有不同的写作目的和读者对象，因此在撰写应用文时需要根据具体情况选择合适的文体、语言和表达方式。

4. 规范性

规范性是指应用文需要遵循一定的格式和规范，包括标题、正文、落款等部分，并且有一定的语言表达要求。规范性确保了应用文的准确性和可读性，提高了信息传递的效率。

二、应用文的分类及作用

（一）应用文的分类

应用文依据用途可分为三类：指导性、报告性和计划性。指导性应用文用于上级向下级传达指令，如命令、决定等；报告性应用文为下级向上级汇报工作进展或请求指示，如请示、工作报告等；而计划性应用文旨在对即将开展的项目或活动进行预设安排，包括计划、设想等，确保行动有序高效。

依性质划分，应用文可归为一般性应用文与公务文书两大类。一般性应用文涵盖法定公文之外的多种文本形式，并进一步细分为简单应用文与复杂应用文两类。简单应用文以其简洁明了著称，如请假条、请帖等，适合处理单一事项；而复杂应用文则因内容丰富、结构较为复杂而适用于更正式或综合性的场合，如总结报告、合同协议等。无论是哪一种类型，它们都在日常生活及工作中扮演着重要角色，帮助人们高效沟通信息、记录事实以及规范行为。

(二)应用文的作用

1.规范行为

规范作用主要体现在其为各类活动、事务提供了一套明确、统一的指导标准。党和国家颁布政策、法令、章程及规定时,通常会采用公文的形式,这些文件对人们的生活起着规范作用。

2.沟通公共关系

应用文是沟通的重要载体,通过邮件、信件、传真、申请等方式,在人与人之间、部门与部门之间、企业与企业之间、市与市之间、省与省之间等进行沟通交流,促进各方的密切合作与联系。

3.存储与凭证作用

应用文能够如实记载和反映各个时期政治、历史、文化、经济等方面的情况,同时应用文也是开展工作、解决问题和处理问题的依据和凭证。例如,法律文件、经济合同等可以作为文字依据,起到维护个人或组织的利益的作用。

4.宣传和教育作用

应用文可以宣传国家的方针政策,进行社会主义精神文明建设,提高全民族的思想道德素质和科学文化水平。

5.管理指导作用

应用文中的计划、总结、调查报告等,可以为企事业单位的管理和决策提供指导,促进组织的健康发展。

三、公文与应用文的关系

通常来说,公文与应用文都是人们在日常生活和工作中用来传递信息、表达思想、处理事务的重要工具,但是应用文的范围更为广泛,它包括公文。可以说两者是一种包含与被包含、特殊与一般的关系。

(一)定义不同

应用文是一种具有实际应用价值的文体,它涵盖的范围广泛,包括公务文书、私人信函、科技论文、新闻报道、广告文案等各种类型。而公文则是应用文的一种特殊形式,它主要指行政机关、企事业单位等组织在公务活动中所使用的特定格式的文体,如通知、决定、报告、请示、批复等。公文是应用文的一个重要分支,是应用文在公务领域中的具体应用。

（二）功能和作用的不同

公文与应用文都具有传递信息、沟通思想、处理事务的功能。它们都是人们进行书面交流的重要工具，能够帮助人们实现信息的有效传递和思想的深入交流。然而，公文在应用上更加正式、规范，它要求严格按照规定的格式和程序进行撰写和处理，以确保信息的准确性和权威性。同时，公文还具有法定的效力和约束力，可以作为组织内部管理和决策的依据，具有较高的权威性和严肃性。

（三）写作要求与语言风格的差异

公文在撰写时需要遵循严格的格式规范，使用正式、准确、简洁的语言，以确保信息的清晰明了和易于理解。而应用文则相对灵活多样，可以根据不同的应用场合和目的选择不同的撰写方式和语言风格。例如，私人信函可以更加随意、亲切，科技论文则需要更加严谨、专业。

应用文和公文既有着共同的特性和功能，又有着各自独特的应用场合和要求。在实际应用中，需要根据具体的情况选择合适的文体和撰写方式，以确保信息的准确传递和有效沟通。

第二节　民航应用文概述

一、民航应用文写作与常规应用文写作的区别

民航应用文写作与常规应用文写作在专业性、格式结构、语言风格、应用文体裁以及目的和受众等方面都存在明显的区别。因此，在进行民航应用文写作时，需要充分了解民航行业的特点和要求，掌握相关的专业知识和写作技能，以确保写作的质量和效果。

民航应用文写作具有高度的专业性和行业特点。它涉及民航领域的专业术语、规定和流程，要求写作者具备丰富的民航知识和实践经验。例如，在撰写航班延误通知时，需要准确理解并遵循相关的航空法规和流程，确保信息的准确性和合规性。而常规应用文写作则更注重通用性和普遍性，不一定需要特定的专业知识背景。

常见民航专业术语

马赫数(Ma):用于表示飞机的速度与当地音速的比值。公式为:$Ma = V/C$,其中V是标准空速,C是当地的音速。在飞机爬升的时候,马赫数会增加。

真空速(TAS):指飞行器飞行时相对于周围空气运动的速度,高度越高,大气密度越小,真空速越大。

校正空速(CAS):指修正了仪表误差和位置误差之后得到的指示空速。

爬升率:指单位时间内飞机所上升的高度,通常以米/秒为单位。爬升率与飞机飞行的高度有关,高度越高,空气的密度越小,发动机的推力减小,爬升率也随之减小。

升限:指飞机上升的最大高度。

平飞:飞机做等速直线的飞行,此时升力等于重力,推力等于阻力,飞机所处的高度不变。

爬升:飞机沿着倾斜向上的方向做等速直线运动的飞行状态。

此外,还有一些与飞行安全、调度等相关的术语,如“航班调度通知”和“飞行报告”,这些文件对于确保飞行的顺利进行和飞机的安全至关重要。

民航应用文写作在格式、结构和语言风格上也有其独特之处。由于民航行业的特殊性,其应用文写作往往采用特定的格式和结构,以满足行业内的规范和标准。同时,语言风格也需要体现出民航行业的专业性和严谨性。相比之下,常规应用文写作在格式、结构和语言风格上可能更加灵活多样,根据不同的应用场景和目的进行调整。

民航应用文写作还涉及一些特殊的应用文体裁,如航空安全报告、飞行计划、机组通知等。这些体裁具有特定的写作要求和规范,需要写作者具备相应的专业知识和写作技能。而常规应用文写作则可能更侧重日常办公、社交、宣传等方面的应用文体裁。

民航应用文写作的目的和受众也具有一定的特殊性。它主要用于传递民航信息、协调航空运输活动、保障航空安全等方面,其受众可能包括航空公司、机场、旅客、机组人员等多个方面。因此,在写作过程中需要充分考虑不同受众的需求和利益,确保信息的有效传递和沟通。而常规应用文写作的目的和受众则可能更加广泛和多样。

【范例1】

机票预订与确认通知

尊敬的旅客:

感谢您选择我们的航空公司进行您的旅程。我们很高兴地通知您,您所订的机票已

经成功出票。以下是您的预订详情,请您仔细核对:

航班信息:

航班号:××××

起飞时间:××××年××月××日,××时××分

起飞地点:[出发地机场名称]

到达地点:[目的地机场名称]

旅客信息:

姓名:[您的姓名]

证件号码:[您的证件号码]

机票信息:

票号:[机票票号]

舱位等级:[舱位等级]

机票价格:[机票价格]

请您务必于航班起飞前××小时,通过我们的官方网站或手机APP进行网上值机,以便您提前选择座位并获取登机牌。如果您需要办理行李托运,请确保在航班起飞前××小时到达机场完成相关手续。

我们温馨提示,为了避免航班变动对您的行程造成影响,建议您在航班起飞前关注我们的官方网站或手机APP,以便及时获取航班动态信息。

再次感谢您选择我们的航空公司,期待在旅途中为您提供优质的服务。如果您有任何疑问或需要帮助,请随时联系我们的客服人员,我们将竭诚为您解答。

祝您旅途愉快!

××航空公司

××××年××月××日

【范例2】

航班延误通知

尊敬的旅客:

我们非常抱歉地通知您,由于天气原因(或机械故障、航空管制等其他原因),原定于××月××日从××机场起飞至××机场的××航班(航班号:××××),将出现延误。

目前,我们预计延误时间约为×小时(或具体时间段,如9点至13点),在此期间,我们会对飞机进行必要的检查和维护,以确保飞行安全。

对于由此给您带来的不便,我们深感抱歉,并承诺会尽最大努力减少延误对您的影

响。我们已为您准备了相应的改签、退票服务，如果您需要住宿或餐饮安排，也请尽快联系我们的客服人员，我们将尽力协助您解决相关问题。

请您保持手机畅通，以便我们随时与您联系，提供最新的航班动态和后续安排。您也可以通过拨打我们的客服热线×××-××××××××，或访问我们的官方网站，查询更多信息。

再次对由此给您带来的不便表示歉意，感谢您的理解与配合。我们期待尽快安排您的行程，并为您提供优质的航空服务。

敬请谅解！

××航空公司

××××年××月××日

二、民航应用文和航空服务艺术与管理专业的关系

民航应用文作为民航行业中的一种重要文体，广泛应用于航空公司的日常运营、机场管理、航空服务等多个方面。它不仅是传递信息、沟通协作的重要工具，还是展示航空企业形象、提升服务质量的重要手段。

而航空服务艺术与管理专业，旨在培养具备航空服务与管理知识和技能的高端人才。学生们需要掌握民航应用文的写作规范和技巧，能够熟练运用民航应用文进行业务沟通、服务提升和问题解决。同时，还需要具备艺术素养和创意能力，能够将艺术与管理相结合，为航空服务注入更多的创新元素。

具体来说，民航应用文在航空服务艺术与管理专业中的应用主要体现在以下几个方面：

从知识结构的角度来看，航空服务艺术与管理专业的学生需要掌握民航应用文写作这一基本技能。这包括了解民航应用文的种类、格式、写作规范等，以及掌握相关的写作技巧和方法。通过学习和实践，学生能够将理论知识与实际操作相结合，提高自己在民航应用文写作方面的能力。

从职业发展的角度来看，民航应用文写作能力对于航空服务艺术与管理专业的学生来说具有重要的现实意义。在航空服务领域，无论是从事机场管理、航空公司运营还是航空服务咨询等方面的工作，都需要具备一定的应用文写作能力。通过撰写各类民航应用文，学生能够更好地与同事、上级、旅客等进行有效沟通，提升工作效率和服务质量。

民航应用文和航空服务艺术与管理专业之间的关系还体现在创新能力的培养上。

随着民航行业的不断发展，对航空服务人才的需求也越来越高。具备创新能力和创意思维的航空服务人才能够更好地适应行业的发展变化，为航空公司提供更具创意和个性化的服务。而民航应用文的写作正是一个能够锻炼学生创新思维和创意能力的重要平台。通过不断尝试新的写作风格、表达方式等，学生可以提升自己的创意水平，为航空服务注入更多的新元素。

民航应用文和航空服务艺术与管理专业之间的关系还体现在跨学科融合的趋势上。随着民航行业的快速发展，航空服务已经不仅仅局限于传统的服务领域，而是逐渐与旅游、文化、艺术等多个领域进行融合。这种跨学科的融合使航空服务艺术与管理专业的学生需要具备更加广泛的知识背景和综合能力。而民航应用文的写作正是一个能够帮助学生拓展知识面、提升综合能力的重要途径。

思考题

1. 应用文的基本概念与特点是什么？

2. 民航应用文与常规应用文有哪些区别？

>>> >>> 第二章

民航公文基础

学习目标

知识目标：深入理解民航公文的定义、种类、格式规范及流转程序，明确其在民航管理体系中的重要作用与独特性。

能力目标：能够根据民航工作的实际需要，正确选用公文文种，规范撰写各类民航公文，确保文章逻辑清晰，表达准确，内容符合法规要求。

思政目标：强化法规意识与职业责任感，确保在民航公文写作中严格遵守国家法律法规及行业规范，维护民航行业的良好形象与公信力。

思维导图

民航公文概述

- 民航公文的定义
- 民航公文的作用
- 民航公文的特点
- 民航公文的稿本

民航公文种类

- 民航公文种类概述
- 民航机关公文种类
- 民航特有公文种类

第一节　民航公文概述

一、民航公文的定义

民航公文的定义有狭义与广义之分。狭义的民航公文专指民航机关公文，是民航各级党政机关实施领导、履行职能、处理公务的具有特定效力和规范体式的文书，是传达贯彻党和国家的方针政策，公布法规和规章，指导、布置和商洽工作，请示和答复问题，报告、通报和交流情况等的重要工具。

广义的民航公文则指行业在生产运行过程中，为保障各项事业科学规范运行，民航各级党政机关、直属事业单位及行业其他单位按照一定程序制定和发布，并具有一定约束力的各类机关公文、行政规范性文件、立法文件以及技术标准文件等。

二、民航公文的作用

（一）领导指导作用

民航各级单位通过制发文件向下级部署各项工作，进行具体的领导和指导。上级单位传达领导意图和下级机关贯彻执行相结合，就使公文成为纽带，充分发挥其领导与指导的作用。

（二）法规约束作用

民航各类法规都是以公文的形式制定和发布的。这些法规性文件一经发布，便成为行业的行为规范，必须坚决依照执行，不得违反。它对于维护正常的行业生产秩序、保障从业者及旅客的合法权益有着极其重要的作用。

（三）信息传递作用

公文是传递信息的重要渠道。民航各单位之间，其决策、方针、设想和意图等信息，常常是通过文件的传递而取得的。上级单位通过批阅下级单位送来的公文，及时了解下级单位的信息动态，为各项决策提供客观依据；下级单位通过阅读上级单位的公文，把握政策精神，及时开展工作和完成规定的任务。

（四）公务联系作用

民航各单位在处理日常事务工作中，经常要与上下左右有关的单位进行联系。公文在同一系统的上下级之间、平级之间以及不相隶属的单位之间，都能起到沟通情况、商洽工作、协调关系、处理问题的公务联系作用。

（五）凭据记载作用

民航各类公文都反映了制发单位的意图，都具有法定效力，收文单位则以此作为处理工作、解决问题的依据。会议纪要等公文是一个单位工作活动的真实记录，具有凭据作用。

三、民航公文的特点

（一）形式上的特点

民航公文在形式上的特点体现为：体式的规范性、效用的现实性和作用的权威性。

一份正式、规范的民航公文，往往参照《党政机关公文格式》(GB/T 9704-2012)规定，对公文的文面内容及各组成要素都有详细的格式要求；它在现行工作中形成，在现行工作中使用，为推动现行工作服务，有着特定的现实效用。此外，它体现了制发机关的法定权威，具有一定的强制性和约束力。

（二）语言上的特点

民航公文在语言上的特点体现为：用语的简洁性、用词的准确性、修辞的质朴性和表达的得体性。

民航公文用语以实用性为本，讲究求明晰，重程式，少修饰，不追求辞藻的华丽和过度修饰，不使用方言、口语，忌用文学用语；所涉及的概念、数据应当准确无误，避免产生歧义；在句式上，多为肯定句、陈述句，一般不使用疑问句、反问句等。

通常民航公文中词语和句式相对固定，且不同文体具有不同的习惯用语，在公文撰写过程中，应根据行文目的、行文对象、使用场合、作者身份等因素对用语进行考量。

（三）处理上的特点

民航公文在处理上的特点体现为：作者的法定性、读者的特定性和制作的程序性。

中央办公厅、国务院办公厅联合印发的《党政机关公文处理工作条例》(中办发〔2012〕14号)对各级各类党政机关公文制发和办理的程序,作出了明确的规定。和所有公文一样,民航公文也是由能以自己名义行使职权和承担义务的机关、团体或企事业单位按照规定程序制发的,且不同类型的公文具有不同的特定读者,如请示、报告、批复等公文的读者为对应的收文机关,行业标准、咨询通告的读者为某一部分从业者。

四、民航公文的稿本

民航公文的稿本指公文的文稿和文本。在公文形成过程中,有多种文稿、文本产生,它们在内容、外观形式,特别是效用方面有很大不同。

(一)草稿

草稿是供讨论、征求意见、修改审核、审批用的原始的非正式文稿,内容未正式确定,不具备正式公文的效用。草稿的外观特点是没有生效标志(签发、用印等);文面上常见"讨论稿""征求意见稿""送审稿""草案""初稿""二稿""三稿"等稿本标记,标记大都位于标题下方或右侧加括号。

(二)定稿

定稿是内容已确定,已履行法定生效程序的最后完成稿,具备正式公文的效用,是制作公文正本的标准依据。定稿一经确立,如不经法定责任者(如签发人,讨论通过该公文的会议等)的认可,任何人不得再对其予以修改,否则无效。

(三)正本

正本是根据定稿制作的供主要受文者使用的具有法定效用的正式文本,包括试行本、暂行本、修订本、不同文字文本。正本的内容必须是对定稿的完整再现。正本的外形特征是格式正规并有印章或签署等表明真实性、权威性、有效性的标志,在一些特殊公文上还标有"正本"字样的标记。

(四)副本

副本是公文正本内容及其外观特征的复制品。当作为正本的同时印刷品时,这类副本在外观上几乎与正本无异,仅是在送达对象及用途上有所区别:正本直接发送至主要接收单位用于正式办理事务,而副本通常发给需要了解信息的相关机构或留作本单位存档参考之用。尽管如此，这些同时产生的副本同样具备正式公文应有的法律效力。

另一方面，通过抄写、复印等方式制作的公文副本无法完全再现原文件的所有细节，比如官方印章或签署人的亲笔签名等关键元素，因此其真实性和权威性较难得到保证。此类非同时生成的副本不具备正式公文的法定效力，主要用于参考资料、查阅记录等方面，并且通常会在文档显著位置标注“副本”字样以示区分。这种做法有助于确保信息传递过程中各版本间的一致性和准确性，同时也明确了不同版本间的功能定位。

民航公文稿本一览表

<table>
<tr><th>稿本分类</th><th colspan="2">名称</th><th>别称</th><th>外部特征</th><th>是否具备正式效用</th></tr>
<tr><td rowspan="2">文稿</td><td colspan="2">草稿</td><td>未定稿</td><td rowspan="2">无法定生效标志</td><td>否</td></tr>
<tr><td colspan="2">定稿</td><td>签发稿</td><td>是</td></tr>
<tr><td rowspan="5">文本</td><td colspan="2">正本</td><td>正式文本</td><td rowspan="2">有法定生效标志</td><td rowspan="2">是</td></tr>
<tr><td rowspan="2">副本</td><td>复份</td><td>正本复份</td></tr>
<tr><td>复制本</td><td>公文复制本</td><td>仅显示公文部分外部特征</td><td>否</td></tr>
<tr><td colspan="2">试行本</td><td>试验推行本</td><td rowspan="2">正本的特殊形式</td><td>推行期间，是</td></tr>
<tr><td colspan="2">暂行本</td><td>暂时推行本</td><td>暂行期间，是</td></tr>
</table>

第二节　民航公文种类

一、民航公文种类概述

（一）民航公文种类概念

民航公文在写作和处理中，把性质和用途相同的公文归并为同一种，对每一种公文规定了固定的名称，这就是文种的名称，即公文种类，简称文种。

文种是公文必不可少的组成部分。所有公文都必须在标题中标明文种，撰写公文时，务必正确选用文种，不用、错用或生造文种，都会损害公文的效用。

（二）民航公文种类作用

1. 维护公文的严肃性、规范性

在标题中标示文种，是公文突出的外部特征，也是和其他文体如文学作品、新闻文体

的重要区别之一。例如下面两个标题，显然规范标明文种的标题更为严肃、庄重：

《国际客运航班的调整》

《民航局关于调整国际客运航班的通知》

2.为公文的撰写提供方便

按照《党政机关公文处理工作条例》和《民航局公文处理实施办法》，如通告、报告、公告、意见、函等每一类公文文种的适用范围都有明确的规定；经过长期的实践，总结、启事、事故调查报告等每一种公文的写法也达成了共识，形成了规范。撰写公文时，正确选择、标示文种，能够迅速了解该文种写作的基本要求和规范，有利于提高写作效率和质量。

3.为公文处理提供方便

公文文种能够体现公文性质，比如看其是指令性还是指导性公文；能够表明行文方向，比如请示是上行文，而请求批准函是平行文；能够表达行文目的，比如请示用于请求批准，报告用于汇报情况；能够揭示公文特点，比如决议肯定必须用于载明会议讨论通过的重大决策事项，而纪要则可用于记载会议主要情况和议定事项，其写法和用法显然是不同的。处理公文的有关部门和人员根据文种的不同功用，依据有关规定和惯例，就会对不同的文种作出相应的不同方式的处理。例如请示属于办件，要及时交有关领导和有关部门审批、办理；而报告属于阅件，一般无须答复，只需交有关人员传阅。

（三）民航公文种类划分

为了研究和掌握各类民航公文的特点和写作规律，更好地使用和处理公文，常依据不同的标准，从不同角度对公文种类进行划分。

1.按照适用范围分为通用类公文和专用类公文

通用类公文指行业内外机关、团体、单位和个人普遍使用的公文文种，其中包括绝大部分的民航机关公文和行政规范性文件。例如通知、请示、报告、目录、指南、管理规定等。专用类公文指民航业内特有的公文文种，如民航明传电报、咨询通告、管理程序、工作手册和信息通告等。

2.按照传递方向分为上行文、下行文、平行文

公文根据其行文方向可分为上行文、下行文和平行文。上行文是指向所属上级领导机关或组织发出的文件，如请示和报告；下行文则是向被领导或指导的下级机关或组织发布的文件，如命令；平行文则用于同一组织系统内的同级单位之间，或不同系统

中无隶属关系的机构之间的交流，如函件。大多数公文的行文方向是固定的，但也有少数类型如意见，其行文方向较为灵活，既可向上级提出建议，也可向下级传达指示，甚至可以在平级间进行沟通。这种分类有助于确保信息在不同层级间准确高效地传递。

3.按照紧急程度分为平急件、加急件、特急件

平急件指要求按照正常速度传递和办理的公文；加急件指内容重要并紧急，需打破工作常规优先迅速传递处理的公文；特急件指内容至关重要并特殊紧急，已临近规定的办结时限，需随到随优先迅速传递处理的公文。

电报按照紧急程度一般分为特提件、特急件、加急件、平急件。

4.按照秘密等级分为公开件、限制件、秘密件、机密件、绝密件

公文根据其内容的敏感程度可分为五类：公开件、限制件、秘密件、机密件、绝密件。公开件指内容不涉及任何秘密，可直接对国内外发布的文件；限制件的内容虽不涉密，但在一定时期内仅限特定范围内的人员查阅使用；秘密件包含国家一般秘密信息，泄露可能造成损害；机密件涉及国家重要秘密，泄露会导致严重后果；绝密件则包含了最为关键的国家机密，一旦外泄将对国家安全与利益带来极其严重的威胁。这种分类确保了信息按照其敏感度得到妥善处理，维护了国家安全和社会稳定。

5.按照处理方式分为阅件、办件

阅件即阅知性公文，指只需按规定交有关部门、有关人员阅知的收文。办件即承办性公文，指必须交有关部门、有关人员及时办理（或答复，或贯彻执行，或承办）的收文。

（四）民航公文种类选择依据

1.依据公文写作处理规范

选择文种要依据国家的有关法律、法规以及党和国家有关领导机关关于公文处理的有关规定，选择恰当的、规范的文种。绝不能违反有关法规、规定和标准，随意另选文种。

2.依据发文单位职能权限

有一些文种对使用者的权限有明确规定，如作者不具备规定的法定权限，则不能使用这些文种。如命令、决议、议案、公告等文种的使用。

3.依据行文关系

选择公文文种需依据发文机关与主送机关之间的关系。若发文机关为受文机关的上级单位，应选用具有规定性、领导指导性或公布性的下行文种，如命令、指示等。当发文机关为受文机关的下级单位时，则应采用呈报性的上行文种，如请示、报告。对于同级

或无隶属关系的机关之间，应使用商洽性的平行文种，如函。这种分类确保了公文在不同层级和关系中的恰当使用，维护了组织间的沟通秩序与效率。

4.依据行文目的

每一种公文文种都有特定的行文目的和行文要求。因此，应选取最有利于表达和实现具体行文目的、行文要求的文种，才能有效保障公文实现其效用。比如要请求上级审查批准必须用请示，决不能选用汇报工作、反映情况的报告。

5.依据适用对象

不同文种有不同的适用对象和范围，不可混淆。比如议案就只适用于各级人民政府（或出席人民代表大会的人民代表），党的工作部门、政府职能部门、企事业单位都不能使用；会议公报，中下级机关、组织的会议通常不使用；向国内外宣布重要事项的公告，通常只在省部级以上国家行政机关使用。

6.依据公文内容的差异

比如授予荣誉称号的公文常用表彰决定，一般性表扬则用表彰性通报。

7.参照约定俗成的文种使用习惯和做法

在长期的公文写作和公文处理工作实践中，人们对某些文种的适用范围、使用方法逐渐形成了约定俗成的共识。我们在选用文种时，若没有法律法规和规范性文件规定的，则要注意这类使用习惯和做法。比如在选用计划类文种时，用于长期的通常使用“规划”，用于年度的通常使用“计划”，用于短期的则通常使用“安排”。

二、民航机关公文种类

按照《党政机关公文处理工作条例》和《民航局公文处理实施办法》中对公文文种的界定及要求，民航机关公文主要有以下十四类：

（1）决议。适用于会议讨论通过的重大决策事项。

（2）决定。适用于对重要事项作出决策和部署、奖惩有关单位和人员、变更或者撤销下级机关不适当的决定事项。

（3）命令（令）。适用于公布行政法规和规章、宣布施行重大强制性措施、嘉奖有关单位和人员。

（4）公报。适用于公布重要决定或者重大事项。

（5）公告。适用于向国内外宣布重要事项或者法定事项。

（6）通告。适用于在一定范围内公布应当遵守或者周知的事项。

(7)意见。适用于对重要问题提出见解和处理办法。

(8)通知。适用于发布、传达要求下级机关执行和有关单位周知或者执行的事项,必要时转发上级和不相隶属机关的公文、批转下级机关公文以及任免人员。

(9)通报。适用于表彰先进、批评错误、传达重要精神和告知重要情况。

(10)报告。适用于向上级机关汇报工作、反映情况,回复上级机关的询问。

(11)请示。适用于向上级机关请求指示、批准。

(12)批复。适用于答复下级机关请示事项。

(13)函。适用于不相隶属机关之间商洽工作、询问和答复问题、请求批准和答复审批事项。

(14)纪要。适用于记载、传达会议主要情况和议定事项。

三、民航特有公文种类

(一)明传电报

明传电报是民航各级党政领导机关、企事业单位之间用于传递紧急、重要,且无须保密内容的一种公文。为提高工作效率,加快电报传输速度,电报正文内容要求简明扼要且符合公文书写要求。电报经发电单位领导签发后使用“民航明传电报”纸印制并传输。明传电报有“特提”“特急”“加急”“急”四种等级。

(二)咨询通告

咨询通告(AC)是指民航局各职能部门下发的对民用航空规章条文所作的具体阐述,是民航系统内被熟知的一种文件类型,属于民航局“五类规范性文件”中的一种。例如:《适航审定人员考试点要求》(AC-00-AA-2018-03)、《航空器内、外部标识与标牌》(AC-21-AA-2013-14R6)、《飞艇的型号合格审定》(AC-21-AA-2009-09R1)等。

除咨询通告外,经民航局局长授权由职能部门主任、司长、局长签署下发的有关民用航空管理方面的文件,还包括管理程序(AP)、管理文件(MD)、工作手册(WM)和信息通告(IB)四类。

(三)行业标准

民航相关的国家标准和行业标准,由民航局管理或指导编写。其中国家标准中涉及民航领域的标准包括强制性国家标准(GB)和推荐性国家标准(GB/T),行业标准是推荐性标准(MH/T)。推荐性国家标准、行业标准的技术要求不能低于强制性国家标准的相关技术要求。

行业标准的范围主要包括：民航通用、基础标准；公共航空运输、通用航空标准；飞行安全、飞行技术、飞行保障、民用航空器事故及事故征候的调查与预防标准；航空器维修工程标准；空中交通管理与设备标准；民用机场管理与设备标准；民航专用产品标准；安全保卫标准；卫生、环境监测、航空医学和劳动保护标准及其他标准。

（四）技术标准

技术标准全称为中国民用航空技术标准指令（CTSO），是由民航局适航审定司管理的一类比较特殊的标准文件，源自美国联邦航空管理局（FAA）的技术标准指令（TSO）。CTSO的制定代表着民航局对于国内航空器设备适航、性能指标的行业话语权，适用于我国的航空器及设备制造产业，以及进入我国的境外航空器及设备制造产业。

（五）专用条件和豁免

专用条件（SC）来源于适航规章《民用航空产品和零部件合格审定规定》（CCAR-21-R4）。

对提交进行型号合格审定的民用航空产品，由于产品具有新颖或独特的设计特点、预期用途为非常规用途，或使用类似民用航空产品的经验表明，可能产生不安全状况等原因，使得有关的适航规章没有包括适当的或足够的安全要求，由民航局制定并颁发专用条件，必要时应在颁发前征求公众意见。专用条件应当具有与适用的适航规章等效的安全水平。例如：《Y12F型飞机螺旋桨的安装》（SC-23-04）、《ARJ21-700型飞机〈飞机驾驶舱舱门〉专用条件》（SC-25-003）等。

同时，在型号合格审定中，申请人可以因技术原因申请暂时或永久豁免适航规章和环境保护要求中的某些条款。批准的豁免必须作为审定基础的一部分列入型号合格证/型号设计批准书数据单。例如：《关于燃油箱结构闪电防护的豁免》（E-002）、《关于座舱压力高度限制的豁免》（E-004）等。

思考题

1.广义的民航公文包含哪些内容？

2.民航公文在语言上有什么特点？

3.简述民航公文文种选用的重要性和依据。

>>> >>> 第三章

民航公文格式

学习目标

知识目标： 掌握民航公文格式的组成要素、特定格式、各要素中易存在的主要问题等，了解并熟练运用民航明传电报及管理程序、咨询通告、管理文件、工作手册、信息通告等五种民航规范性文书。

能力目标： 准确指出并判定民航公文格式的对错。能够根据实际需要，选择合适的民航特有公文文种，并在写作中达到格式规范、内容完整、条理清晰的要求。

思政目标： 培养学生的职业道德和责任心，使其在写作中遵守行业规范和法律法规，确保文书的真实性和合法性。

思维导图

民航机关公文格式

- 民航公文格式的组成要素
- 排版规格、印制装订、用纸格式、计量单位、标点符号和数字等要求
- 民航公文的特定格式

公文格式各要素中易存在的主要问题

- 版头部分
- 主体部分
- 版记部分
- 页码

民航特有公文格式：民航明传电报

- 民航明传电报的定义
- 民航明传电报的适用范围
- 民航明传电报的特点
- 民航明传电报的结构和写法

民航规范性文件

- 管理程序
- 咨询通告
- 管理文件
- 工作手册
- 信息通告

第一节　民航机关公文格式

民航机关公文是民航各级党政机关实施领导、履行职能、处理公务的具有特定效力和规范体式的文书，是传达贯彻党和国家的方针政策，公布规章，指导、布置和商洽工作，请示和答复问题，报告、通报和交流情况等的重要工具。

民航机关公文是党政机关公文的一种。民航机关公文格式，主要根据《党政机关公文处理工作条例》和《党政机关公文格式》而确定，一般由份号、密级和保密期限、紧急程度、发文机关标志、发文字号、签发人、标题、主送机关、正文、附件说明、发文机关署名、成文日期、印章、附注、附件、抄送机关、印发机关和印发日期、页码等要素组成。

公文中各组成部分的标志规范，参照《党政机关公文格式》执行。《党政机关公文格式》将版心内的公文格式各要素划分为版头、主体、版记三部分。公文首页红色分隔线以上的部分称为版头；公文首页红色分隔线（不含）以下、公文末页首条分隔线（不含）以上的部分称为主体；公文末页首条分隔线以下、末条分隔线以上的部分称为版记。页码位于版心外。

一、民航公文格式的组成要素

（一）版头部分

1.份号

份号是公文印制份数的顺序号。非涉密公文可以不标注份号。涉密公文应当标注份号，一般用6位3号阿拉伯数字标注，顶格编排在版心左上角第一行。

2.密级和保密期限

密级和保密期限是公文的秘密等级和保密的期限。涉密公文应当根据涉密程度分别标注“绝密”“机密”“秘密”和保密期限，密级和保密期限之间用“★”隔开。密级和保密期限按照《中华人民共和国保守国家秘密法》和相关规定确定。如需标注密级和保密期限，一般用3号黑体字，顶格编排在版心左上角第二行；保密期限中的数字用阿拉伯数字标注。

3. 紧急程度

紧急程度是公文送达和办理的时限要求。根据紧急程度，紧急公文应当分别标注“特急”“加急”（电报应当分别标注“特提”“特急”“加急”“平急”）。

份号、密级和保密期限、紧急程度一般用3号黑体字，顶格置于发文机关标志左上角，依顺序自上而下，分行排列。

4. 发文机关标志

发文机关标志由发文机关全称或规范化简称加“文件”二字组成，也可以只用发文机关全称或规范化简称。联合行文时，发文机关标志可以并列使用联合发文机关名称，也可以单独使用主办机关名称。并列使用联合发文机关标志时，一般应将主办机关排列在前。发文机关标志居中排布在公文首页上端，推荐使用小标宋字体，套红。

5. 发文字号

发文字号由发文机关代字、年份、发文顺序号组成。联合行文时，使用主办机关的发文字号。公文的普通格式，平行文、下行文发文字号一般标注在发文机关标志之下、横线上方居中；上行文发文字号标注在横线上方左侧。公文的信函格式，发文字号一般标注在横线之下、公文标题之上的右侧。

发文机关代字应保持稳定，不宜经常变动。年份应标全称并加六角括号，年份和顺序号均使用阿拉伯数字。

6. 签发人

上行文应当标注签发人姓名。联合上行文要同时注明联合发文机关的签发人姓名。签发人姓名标在发文机关标志之下、横线之上右侧位置。“签发人”用3号仿宋体字，后加全角冒号，签发人姓名用3号楷体字。

（二）主体部分

1. 标题

公文标题应当准确、简要地概括公文的主要内容，由发文机关、事由、文种组成，一般用2号小标宋体字。标题中除法律、法规、规章名称全称加书名号外，一般不用标点符号；如果在事由部分出现多个机关、人名等并列时，应用顿号分开，不使用空格。

2. 主送机关

公文的主要受理机关，应当使用机关全称、规范化简称或同类型机关统称。除“公报”“公告”“通告”外，其他文种的公文都应标明主送机关。“决定”“命令（令）”视发送范围、发送对象确定是否标明主送机关。主送机关一般顶格单独标列在标题之下空一行、

正文的上一行，其中“决定”“命令（令）”“纪要”的主送机关标列在公文末页下端、抄送机关之上。

3. 正文

正文是公文的主体，用来表述公文的内容。正文应符合国家法律、法规和方针、政策，力求开门见山，观点鲜明，用语准确，层次清楚，结构严谨，简明扼要。

结构层次序数，第一层为“一”，第二层为“（一）”，第三层为“1.”，第四层为“（1）”。一般第一层用黑体字，第二层用楷体字，第三层、第四层用仿宋体字。

4. 附件说明

附件说明即公文附件的顺序号和名称。如有附件，应在正文下空一行，成文日期之上编排“附件”二字，后标全角冒号和附件名称，附件名称不加标点符号。在正文中写明报送、批转、转发、印发等字样的内容，不是公文的附件，在附件说明处不标注相关内容。

5. 附件

附件即公文正文的说明、补充或者参考资料。附件应当另页编排，在版记之前，一般与正文一起装订，并在附件左上角顶格用3号黑体字标注“附件”字样，有多个附件时应标明序号。如附件与正文不能一起装订，应当在附件左上角编排公文的发文字号并在其后标注“附件”二字及序号。

6. 发文机关署名、成文日期和印章

发文机关署名、成文日期和印章即公文生效标志。单一机关行文时，一般在成文日期之上、以成文日期为准居中编排发文机关全称或规范化简称。印章端正、居中下压发文机关署名和成文日期，使发文机关署名和成文日期居印章中心偏下位置，印章顶端应当上距正文（或附件说明）一行之内。联合行文时，一般将主办机关署名、印章排列在前。

成文日期以负责人签发日期为准，标在发文机关署名正下方，一般右空4个字编排；联合行文时，可以最后一个机关负责人签发的日期为准；电报以发出日期为准；会议讨论通过的“决议”“决定”等，以通过的日期为准，并在标题之下、正文之前，一般用小于标题字号的楷体字注明会议名称和通过日期，并加圆括号。

公文除纪要、电报外，一律加盖发文机关印章，并与机关署名相符。联合行文时，要将印章与发文机关署名一一对应，印章之间排列整齐，互不相交或相切，每排印章不得超出版心。印章用红色，字迹要清晰。

排版时应适当调整行距、字距，务必使发文机关署名、成文日期和印章与正文处于同一页，不得以标注“此页无正文”的方法解决。

7. 附注

附注即需要说明的有关事项。如有附注(是否公开,发送、传达范围等),居左空2个字加圆括号编排在成文日期下一行。为便于收文单位办理公文,可以在附注处标明具体经办部门、联系人、联系电话等。上行文必须在附注处注明联系人及联系电话。

(三)版记部分

1. 抄送机关

除主送机关外,需要执行或者知晓公文内容的其他机关。抄送机关应当使用机关全称、规范化简称或同类型机关统称。抄送机关列于公文末页下端,一般以上级机关、平级机关、下级机关次序排列;民航局公文一般依地区管理局、航空公司、服务保障公司、机场公司、局属各单位、局机关各部门的次序排列。

2. 印发机关和印发日期

编排在抄送机关之下,左侧注明印发机关全称或规范化简称,右侧注明印发日期。印发机关一般为各单位的公文管理部门,以民航局名义行文的印发机关均为民航局综合司。

(四)页码

页码即公文页面顺序号。一般用4号半角宋体阿拉伯数字,编排在公文版心下边缘,数字左右各放一条一字线。单页码居右空1个字,双页码居左空1个字。公文的附件与正文一起装订时,页码应当连续编排。

(五)分隔线

民航行政机关公文中,在版头、版记中各有1条分隔线。

版头中的分隔线,为发文字号之下4mm处居中印一条与版心等宽的红色分隔线。

版记中的分隔线,与版心等宽,首条分隔线和末条分隔线用粗线(推荐高度为0.35mm),中间的分隔线用细线(推荐高度为0.25mm)。首条分隔线位于版记中第一个要素之上,末条分隔线与公文最后一面的版心下边缘重合。

二、排版规格、印制装订、用纸格式、计量单位、标点符号和数字等要求

公文用字一律从左至右横写、横排。公文用纸一般采用国际标准A4型(210mm×297mm),左侧装订。特殊形式的公文用纸规格,根据实际需要确定。公文中计量单位的

用法应当符合《国际单位制及其应用》(GB 3100)、《有关量、单位和符号的一般原则》(GB 3101)和《量和单位》(GB 3102)的规定,标点符号的用法应当符合《标点符号用法》(GB/T 15834),数字的用法应当符合《出版物上数字用法》(GB/T 15835)的规定。

三、民航公文的特定格式

民航公文的特定格式包括信函格式、命令(令)格式、纪要格式等。

(一)信函格式

公文的信函格式是被广泛采用的一种公文特殊格式,主要用于发布、传达要求下级机关执行和有关单位周知或执行的事项,报送议案,商洽、询问、答复或者说明某具体事项,常见于通知、批复、函等文种的公文中,在各级机关得到广泛应用。其主要特点是:

1.发文机关标志

发文机关标志使用发文机关全称或规范化简称,其上边缘至上页边为30mm,推荐用红色小标宋体字,字号大小由发文机关酌定,以版心为准居中排布。联合行文时,使用主办机关标志。

2.红色分隔线

发文机关标志下4mm处为一条红色双线(上粗下细),距下页边20mm处为一条红色双线(上细下粗),线长均为170mm,以版心为准居中。

3.份号、密级和保密期限、紧急程度

如需标注份号、密级和保密期限、紧急程度,应在第一条红色双线下,顶格居版心左边缘编排,按照份号、密级和保密期限、紧急程度的顺序自上而下分行排列,第一个要素距该双线距离为3号汉字字高的7/8。

4.发文字号

发文字号顶格居版心右边缘编排在第一条红色双线下,距该双线距离为3号汉字字高的7/8。

5.标题

标题居中编排,与其上最后一个要素相距2行。

6.页码

信函格式公文首页不显示页码,由第2页开始标注。只有2页的信函式公文,第2页可以不显示页码。

7.签发人

信函格式公文无“签发人”。其他要素及其标注规则与公文格式的有关要求相同。

8.版记

版记中不加印发机关和印发日期、分隔线，位于公文最后一面版心内最下方。

民航局发函式样（封面）如下：

民航局发函式样

中国民用航空局××司

000001　　　　　　　　　　　　民航综×函〔××××〕×号
秘　密
特　急

民航局××司关于×××××××××的函

×××××公司：

×××××××××× ××××××××××××××××××××××××××××××××
××××××××× ×××××××××××××××××××××××××××××××。

附件：×××××××××××××××××××××××××××

民航局××司
××××年×月×日

—75—

（二）命令（令）格式

《党政机关公文处理工作条例》规定，命令（令）适用于公布行政法规和规章、宣布施行重大强制性措施、批准授予和晋升衔级、嘉奖有关单位和人员。从其适用范围中可以看出命令（令）的权威性和重要性，实际工作中命令（令）格式不同于公文的通用格式和信函格式。其主要特点是：

1.发文机关标志

发文机关标志由发文机关全称后加“命令”或“令”字组成，如“中华人民共和国国务院令”。发文机关标志上边缘至版心上边缘为20mm，推荐用红色小标宋体字，字号大小由发文机关酌定。

2.令号

令号在发文机关标志下空2行居中编排令号，如“第×号”。

3.正文

令号和正文间无红色分隔线，令号下空2行编排正文。

4.签名章

签名章的有关要求与公文格式相同。

（三）纪要格式

1.纪要标志

纪要标志由“×××××纪要”组成，居中排布，其上边缘至版心上边缘为35mm，推荐用红色小标宋体字，字号大小由发文机关酌定。

2.出席、列席和请假人员

标注出席人员名单，一般用3号黑体字，在正文或附件说明下空一行左空二字编排“出席”二字，后标全角冒号，冒号后用3号仿宋体字标注出席人单位、姓名，回行时与冒号后的首字对齐。标注请假和列席人员名单，除依次另起一行并将“出席”二字改为“请假”或“列席”外，编排方法同前。

民航局局务会会议纪要式样（封面）如下：

民航局局务会议纪要式样

民航局局务会议纪要

〔××××〕第×期

民航局综合司　　　　　　××××年×月×日

××××年×月×日，×××局长主持召开局务会议，讨论×××××××××××问题等。纪要如下：

一、×××××××××××

×××××××××××××××××××××××××××××××××。

二、×××××××××××

×××××××××××××××××××××××××××××××××。

出席：

请假：

列席：

— 61 —

第二节　公文格式各要素中易存在的主要问题

一、版头部分

（一）份号

份号标注上存在的主要问题有：一是涉密文件不标注份号；二是份号的数字不按规定标注；三是份号标注位置不规范。

（二）密级和保密期限

密级和保密期限标注上存在的主要问题有：一是确定密级和保密期限不准确，出现密级过高或过低、保密期限过长或过短等情况；二是密级标注不规范不统一，有的保密期限中的数字使用汉字标注。

（三）紧急程度

公文紧急程度标注上存在的主要问题有：一是不急的公文却标注了紧急程度；二是标注位置随意性大，有的在版头区域随意加盖“特急”或“加急”印章；三是纸质公文标注的紧急程度错用电报的紧急程度；四是使用“紧急”“急”等不规范的标注方法。

（四）发文机关标志

发文机关标志存在的主要问题有：一是有的发文机关标志与发文机关署名或印章不一致，如用“××部”的发文机关标志，发文机关署名或印章却是“××部××局”或“××部办公厅（室）”等；二是发文机关标志不规范，如使用了发文机关标志加括号和文种的形式。

（五）发文字号

发文字号的标注在公文处理中存在一些常见问题，这些问题主要体现在机关代字的概括、发文字号的格式以及标注位置三个方面。首先，在机关代字的使用上，有时会出现概括不准确的情况。例如，某些机关代字过长，多达八九个汉字，如“×重大公益项目办发”，这不仅不利于记忆，也显得冗长；有的机关代字不够庄重，比如“×污水垃圾”这样的表述显然缺乏正式感；还有些机关代字未能清晰区分党政职能，如某省审计机关以“审党发”作为行政公文的代字，容易引起混淆；更有甚者，直接采用公文标题中的关键词作为机关代字，如“××部文明发”，这种方式虽直观但缺乏规范性。其次，发文字号的标注格式也有待改进。部分单位在年份标注时使用了简化形式，如将2012年简写为〔12〕，这种做法不符合标准；另外，还存在未按规定使用六角括号而采用了方括号、圆括号或方头括号等其他符号的现象，这些都违背了国家关于公文格式的规定。最后，发文字号的位置标注也不尽规范。有些文件中的发文字号与红色分隔线完全重合，影响美观；有的则间距过大，显得布局不合理；特别值得注意的是，上行文中出现发文字号居中标注的情况，这明显违反了相关规范要求。

（六）签发人

在公文签发人标注过程中，存在以下主要问题：首先，部分上报的公文未明确标注签发人。其次，按规定应由机关主要负责人或经授权的负责人进行签发，但实际情况中有时标注的是其他非指定人员。此外，在多个机关联合上行文时，仅标注主办机关负责人的做法也较为常见，忽略了对其他参与机关负责人的标识。再者，签发人标注位置不规范也是一个普遍现象，正确的做法是在联合行文时，“签发人”字样与首位签发人的姓名置于同一行，而非中间或末尾。最后，一些公文不仅标注了签发人的姓名，还附加了职务信息，这与要求仅标注姓名的规定不符。这些问题均影响了公文处理的规范性和准确性。

二、主体部分

（一）标题

标题格式上存在的主要问题有：一是回行时词义不完整，如虚词不能转为下一行的第一字；二是排列形式不够美观，如排成上下长度一样的长方形或上下长、中间短的沙漏形；三是标题中乱用标点，如法规或规章的简称不应该使用书名号却使用了书名号，全称应该使用书名号却使用了引号。

（二）主送机关

主送机关标注上存在的主要问题有：一是标注位置不正确，如有的公文主送机关没有顶格编排；二是主送机关名称过多导致公文首页不能显示正文时，没有将主送机关名称移至版记；三是主送机关标点符号使用不规范，同级同类机关之间应使用顿号却用逗号,同级不同类机关之间应使用逗号却用分号,主送机关结束之后应使用冒号却用句号或不用标点符号。

(三)正文

正文格式上存在的主要问题有:一是因主送机关名称过多,导致首页没有显示正文;二是层次序号中的标点符号使用不规范,如"(一)、""1、""(1)、"。

(四)附件说明

附件说明标注中存在的主要问题有:一是应有附件说明而没有标注。二是标注位置不正确,如有的在正文下一行编排,没有空一行;有的未左空两字而顶格编排。三是标注方法不正确,如附件顺序号用汉字"一、二、三……"标注;附件名称后标注标点符号;文字较长的附件说明回行后顶格编排。

(五)发文机关署名、成文日期和印章

发文机关署名、成文日期和印章标注中存在的主要问题有:一是应该加盖印章而未使用。二是标注位置不规范,如加盖印章的公文,成文日期距正文的行距过大或过小;发文机关署名与成文日期的位置上下不对称、不匀称。三是用印比较随意,如单一机关行文时发文机关署名和成文日期没有居印章中心偏下位置。四是联合行文时,只标注主办机关名称,未标注联署机关名称;所有机关均应署名并加盖印章,有的却只加盖印章未署名;多个机关用印时,印章相交或相切。五是成文日期中的数字没有使用阿拉伯数字而用汉字,年月日没有标全只标月日,月日不应编虚位而编虚位。六是当公文排版后所剩空白处不能容下印章或签名章、成文日期而造成超出版心等情况时,没有采取调整行距、字距的措施解决。

(六)附注

附注标注上存在的主要问题有:一是标注位置不规范,如将附注标注在版记上一行;二是标注格式不规范,如有的附注内容没有用圆括号括起来;三是标注内容杂乱,如几个机关联合报送的请示件,本来只标注主办机关联系人即可,却将所有联合发文机关的联系人都标注上去。

(七)附件

附件的使用上存在的主要问题有:一是正文和附件可以一起装订时,没有装订在一

起；二是将附件编排在版记后；三是附件顺序号和附件标题与附件说明的表述不一致。

三、版记部分

（一）抄送机关

抄送机关标注中存在的主要问题有：一是将向上级的请示性公文“抄送”给直属下级机关；二是给上级机关的行文不用“抄送”仍用“抄报”；三是抄送机关间的标点使用不规范，同类同级机关间没有用顿号，不同类或不同级的机关间没有用逗号，抄送机关结束没有用句号。

（二）印发机关和印发日期

印发机关和印发日期标注上存在的主要问题有：一是把成文日期当作印发日期；二是有些机关的公文在版记中缺少印发机关和印发日期，或标注了印发机关和印发日期但没有标注“印发”二字；三是有些机关印制的公文，在印发机关栏还额外标注打字员、校对员姓名及存档等内容。

四、页码

页码标注上存在的主要问题有：一是附件的页码单独标注，二是页码标注在版心内。

第三节　民航特有公文格式：民航明传电报

一、民航明传电报的定义

民航明传电报是指与密传电报相对，可以使用大众码来传递，不是发给某一特定收报人，而是发给民航系统众多单位或个人的电报。

二、民航明传电报的适用范围

民航明传电报一般适用于发布、传达要求下级机关执行或有关单位周知的具有一定处理时限的事项。

三、民航明传电报的特点

（一）时限性

民航明传电报通知的事项一般都是较为紧急的行政事务、突发事件等，通常标注了紧急程度，要求在一定时限内处理完成。

（二）实效性

一般公文审批和发文流程较为烦琐，而且需逐级传送，民航明传电报流程简易，可越级传送，信息传播迅速、快捷、高效。

（三）公开性

民航明传电报不同于秘传电报，内容具有公开性，不涉及保密信息。

四、民航明传电报的结构和写法

（一）报头

发文机关标志：民航明传电报，居中排布，推荐使用大标宋体字，颜色为黑色。

发电单位：具有发文权限的发文机关全称或者规范化简称，推荐使用“楷体-GB2312”，顶格编排在版心左上角第一行位置。

签发盖章：即签发人签名。如是打印的传真电报，可直接打印签发人姓名，签发人姓名格式推荐使用“楷体-GB2312”。

等级：为了确保公文的时效性，使紧急事项得以及时处理，对紧急公文必须注明紧急程度，明传电报按紧急程度划分为“特提”“特急”“加急”“平急”四个等级，四个等级紧急程度依次降低。紧急程度后加上“明电”，中间用间隔号隔开。

对于十分紧急须即刻办理的事项标注“特提”；须2日内办理的紧急事项标注“特急”；须4日内办理的紧急事项标注“加急”；须6日内办理的事项标注“平急”。紧急程度一般用3号黑体字，顶格编排在版心左上角第二行。发文字号：由机关代字、明电、年份、发文顺序号组成，推荐使用“楷体-GB2312”，如“×××发明电〔2024〕××号”。

（二）正文

民航明传电报的标题、主送机关、正文、附件、发文机关署名、成文日期等格式要素，与公文的一般格式相同。

民航明传电报发文机关署名一般不加盖发文机关印章。发文机关署名和成文日期上下交错排列。

（三）版记

版记中主要包括抄送单位、承办单位、联系电话等主要信息。版记里的字号，均为三号，只是字体不同。“抄送”“承办单位”“电话”推荐使用“楷体-GB 2312”，具体的抄送单位、承办单位推荐使用“仿宋-GB 2312”，电话号码推荐使用“Times New Roman”。

写作实训

民航青年好声音（第N季）活动将于近期举行，该活动主题聚焦“强国有我 青春有为”，分为初赛、复赛和决赛三部分进行，初赛设华北、东北、华东、中南、西南、西北、新疆7个分赛区，各地区管理局团委负责本赛区的组织协调工作，复赛由全国民航团委组织、西南地区管理局团委协调辖区民航单位团组织联合承办，决赛由全国民航团委组织、中国民用航空飞行学院承办。请以全国民航团委的名义，拟写一则活动通知。

第四节　民航规范性文件

民航规范性文件是指中国民用航空局（以下简称“民航局”）机关各职能厅、室、司、局（以下简称“职能部门”），为了落实法律、法规、民航局规章和政策的有关规定，在其职责范围内制定，经民航局局长授权，由职能部门主任、司长、局长签署下发的有关民用航空管理方面的文件。

民航规范性文件主要包括管理程序、咨询通告、管理文件、工作手册、信息通告等。

一、管理程序

(一)民航管理程序的定义

管理程序(Aviation Procedure,AP)是各职能部门下发的有关民用航空规章的实施办法或具体管理程序,是民航行政机关工作人员从事管理工作和法人、其他经济组织或者个人从事民用航空活动应当遵守的行为规则。

(二)民航管理程序的特点

1.专业性

民航管理程序适用于民航领域,是对民航航空规章落实的具体办法和管理程序,具有民航特有的专业性。

2.权威性

民航管理程序由具有职权的民航各级机构和职能部门制定,一经印发后,是从事相关工作的组织和人员都必须遵守的行为规则,具有行业的权威性。

3.实操性

民航管理程序是对有关民航航空规章的具体细化和程序要求,步骤明确,程序性强,具有可操作性。

(三)民航管理程序的结构和写法

1.封面

管理程序有两条与版心等宽的横线作为分隔线,将封面分为上、中、下三个板块。上面的板块位于天头的下方,左边靠上位置为民航局徽章,徽章下为印发管理程序的具体单位;右边与徽章同水平面上为文件种类,即“管理程序”字样。中间板块的右上方有两行信息,靠上一行为“编号”,靠下一行为“下发日期”。管理程序的编号由文件种类英文简称、所属规章编号、职能部门英文代码、年份、顺序编号以及修订序号等依次排列组成。下发日期为“年月日”格式。编号和下发日期的字体都为三号楷体国标。有时,在编号和下发日期之上,还可以添加文号信息,文号的格式与党政机关公文格式的文号相同。中间板块居中位置为管理程序的文件名称,字体推荐为二号方正小标宋简体。各种规范性文件用封面字体不同颜色加以区别,管理程序为绿色字。第二条分隔线下方的板块为空白,与公文中下版心到下边线的距离基本相等。

民航咨询通告(AC)、管理文件(MD)、工作手册(WM)、信息通告(IB)等规范性文件

的封面版式与管理程序(AP)大体一致,都分为上、中、下三个板块,只是在文件种类、编号、字体颜色上有所区别,后面在封面版式中对于相同部分不再赘述。

2.目录

按照管理程序文件的实际内容,标明该程序中涉及的总则、定义、流程、要求、附则等具体条目和页码信息。

3.主体内容

(1)总则。主要包括该程序下发的目的、依据、废止或撤销、相关文件、适用范围等信息。

(2)定义。主要包括该程序的技术标准规定、技术标准规定项目批准书、局方等信息。

(3)程序。是管理程序的核心内容和信息,涉及程序施行和管理具体流程、标准规范、相关要求等具体信息。

(4)附则。主要注明该程序文件的生效日期、解释单位等具体信息。

4.版记

管理程序的版记位于附则和附件(若有)之后,即文件最末一页的版心底部,其格式与党政机关公文格式相同。

写作实训

请登录“中国民用航空局官网”,下载“适航指令的颁发和管理程序”或“型号合格审定程序”文件,指出其中的结构要素。

二、咨询通告

(一)民航咨询通告的定义

咨询通告(AdvisoryCircular,AC)是各职能部门下发的对民用航空规章条文所作的具体阐述。

(二)民航咨询通告的适用范围

咨询通告主要作用在于对法律法规进行解释,或者补充说明技术规范。

(三)民航咨询通告的特点

1.释法性

咨询通告主要是对民航法律法规进行解释,或者补充说明技术规范,将法律法规的细节和规定说明清楚,起到“释法”的作用。

2.指导性

咨询通告下发的目的是为在民航法律法规运行下的专业事项提供指导意见,具有明确的指导性。

AP、AC 封面版式

管理程序(咨询通告)

中国民用航空局XXXX　司(局、厅、室)

编　号:XX-XXX-XXX-XX—XX-XX

(英文简称—所属规章编号—部门英文代码—年份—顺序编号—修订序号)

下发日期:XXXX年XX月XX日

(文件名称)

3.公开性

咨询通告针对的是所有相关民航运行单位专业工作的具体实施,咨询通告内容是广泛公开的。

(四)民航咨询通告的结构和写法

1. 封面

咨询通告的封面与管理程序的封面版式基本一致。咨询通告的编号由文件种类英文简称、所属规章编号、职能部门英文代码、年份、顺序编号以及修订序号等依次排列组成。各种规范性文件用封面字体不同颜色加以区别,咨询通告为蓝色字。

2. 目录

按照咨询通告的实际内容,标明该咨询通告中涉及的总则、依据、目的、适用范围、撤销、说明、术语、技术要求、附录等具体条目和页码信息。条目较少时,目录也可略去。

3. 主体内容

根据咨询通告所涉及的实际内容,按条目撰写该咨询通告相关的依据、目的、使用范围、撤销、说明、术语、要求、附录等具体信息。对于咨询通告而言,要求部分是核心内容,是该咨询通告为民航运行单位提供的有关法律法规框架下实施运行的具体指导信息。

4. 版记

咨询通告的版记位于文件最末一页的版心底部,其格式与党政机关公文格式相同。根据发文需求,版记也可略去。

写作实训

请登录“中国民用航空局官网”,下载“民用运输机场仪表飞行程序质量保证管理规定”或“飞行签派员执照实践考试管理规定”文件,指出其中的特点和结构要素。

三、管理文件

(一)民航管理文件的定义

管理文件(Management Document,MD)是各职能部门下发的就民用航空管理工作的重要事项作出的通知、决定或政策说明。

(二)民航管理文件的特点

1. 权威性

管理文件是对民航管理工作的专业性指导文件,具有行业权威性。

2. 决策性

管理文件是对民航重要事项的有关管理作出的具体决定，具有官方决策性。

3. 强制性

管理文件一经发布后，各民航运行单位必须遵照管理文件施行，具有强制性。

（三）民航管理文件的结构和写法

1. 封面

管理文件的封面版式与民航管理程序、咨询通告大体一致。其主要区别在以下几个方面：

一是文件种类，在上面板块的右半边标识为“管理文件”。

二是编号，管理文件的编号由文件种类英文简称、职能部门英文代码、年份、顺序编号依次排列组成。

三是字体颜色，各种规范性文件用封面字体不同颜色加以区别，管理文件为紫色字体。

2. 封面

按照管理文件的实际内容，标明该管理文件中涉及的依据、目的、适用范围、废止、说明、管理要求、附则等具体条目和页码信息。条目较少时，目录也可略去。

3. 主体内容

根据管理文件所涉及的实际内容，按条目撰写该管理文件相关的依据、目的、适用范围、废止、说明、管理要求、附则等具体信息。

对于管理文件而言，管理要求部分是核心内容，是该管理文件对管理工作的重要事项作出具体的通知、决定或政策说明。

4. 版记

管理文件的版记位于文件最末一页的版心底部，其格式与党政机关公文格式相同。根据发文需求，版记也可略去。

写作实训

请登录“中国民用航空局官网”，下载“发动机孔探检查管理规范”文件，指出其中的特点和结构要素。

四、工作手册

（一）民航工作手册的定义

工作手册（Working Manual，WM）是各职能部门下发的规范和指导民航行政机关工作人员具体行为的文件。

（二）民航工作手册的特点

1.规范性

工作手册是对从事民航行政机关工作人员具体行为的规范性文件，具有规范性。

2.强制性

工作手册一经发布，从事人员必须按手册文件执行，不得随意调整或变更。

3.广泛性

工作手册是所有从事人员必须遵守的规范性文件，具有广泛性。

（三）民航工作手册的结构和写法

1.封面

工作手册的封面版式和管理文件基本一致。工作手册的编号由文件种类英文简称、职能部门英文代码、年份、顺序编号依次排列组成。各种规范性文件用封面字体不同颜色加以区别，工作手册为橘黄色字。

2.目录

按照工作手册的实际内容，标明该工作手册中涉及的目的、原则、范围、依据、规范和要求、附录等具体条目和页码信息。条目较少时，目录也可略去。

3.主体内容

根据工作手册所涉及的实际内容，按条目撰写该工作手册所涉及相关的目的、原则、范围、依据、规范和要求、附录等具体信息。对于工作手册而言，规范和要求部分是核心内容，是该工作手册中对民航行政机关工作人员具体行为的规范和指导。

4.版记

工作手册的版记位于文件最末一页的版心底部，其格式与党政机关公文格式相同。根据发文需求，版记也可略去。

写作实训

请登录"中国民用航空局官网",下载"危险品监察员手册"文件,指出其中的特点和结构要素。

五、信息通告

(一)民航信息通告的定义

信息通告(Information Bulletin,IB)是各职能部门下发的反映民用航空活动中出现的新情况以及国内外有关民航技术上存在的问题进行通报的文件。

(二)民航信息通告的特点

1.探究性

信息通告是对国内外民用航空活动中已经出现的新情况、新问题或事故事件进行通报,探究发生问题的可能原因,并有针对性地给出意见建议。

2.新闻性

信息通告是对新问题、新情况或事故事件的通报,具有新闻报道的属性,只是在时效性上有所滞后。

3.总结性

信息通告多是对国内外民用航空在一段时间内发生的新情况、新问题或事故事件进行的汇编性文件,具有总结性。

(三)民航信息通告的结构和写法

1.封面

信息通告的封面版式与工作手册、信息通告的封面版式基本一致。信息通告的编号由文件种类英文简称、职能部门英文代码、年份、顺序编号依次排列组成。各种规范性文件用封面字体不同颜色加以区别,信息通告为墨绿色字。

管理文件、工作手册和信息通告的封面版式参考如下:

附件三：MD、WM、IB 封面版式

管理文件(工作手册或信息通告)

中国民用航空总局xxxxx　　司(局、厅、室)

编　　号：XX-XXX-XX-XX

(英文简称—部门英文代码—年份—顺序编号)

下发日期：XXXX 年XX 月XX 日

(文件名称)

2. 目录

按照信息通告的实际内容，标明该信息通告中所通报的条目标题和页码情况。

3. 主体内容

根据信息通告所涉及的实际内容，按条目撰写该信息通告的通报内容和详细信息。

4. 版记

信息通告的版记位于文件最末一页的版心底部，其格式与党政机关公文格式相同。根据发文需求，版记也可略去。

写作实训

(1)请登录“中国民用航空局官网”，下载“国外跑道侵入事件信息通告(2008—2011)”或“国外典型空中交通事件信息通告(2013—2014)”文件，指出其中的特点和结构要素。

(2)2016年10月11日,在上海虹桥国际机场36L跑道上,由于塔台管制员遗忘飞机动态、违反工作标准,造成MU5643航班和MU5106航班两架飞机垂直距离仅19米,翼尖距13米,两机仅差约三秒就会发生碰撞,这是一起客机侵入跑道的冲突事件严重事故征候(A类跑道入侵)……

请根据以上信息,搜集2016年国内外有关的跑道入侵事件,拟写“国内外跑道侵入事件信息通告(2016)”。

>>> >>> 第四章

民航机关公文写作

学习目标

知识目标：精通民航机关公文的种类、结构、语言特点及撰写要求，理解其在民航行政管理与决策过程中的核心作用。

能力目标：能够高效撰写符合民航机关规范的公文，确保公文内容精准传达政策意图，逻辑严密，表达庄重，并有效促进机关内部及对外的工作沟通与协调。

思政目标：培养大局观念、服务意识和政策执行力，在民航机关公文写作中，坚持实事求是，维护公平正义，促进民航事业持续健康发展。

思维导图

决议

- 决议的特点
- 决议的写作
- 例文典范

决定

- 决定的特点
- 决定的种类
- 决定的写作
- 例文典范

命令

- 命令的发布权限
- 命令的特点
- 命令的种类
- 命令的写作
- 例文典范

公报

- 公报的特点
- 公报的种类
- 公报的写作
- 例文典范

公告

- 公告的特点
- 公告的种类
- 公告的写作
- 例文典范

通告

- 通告的特点
- 通告的种类
- 通告的写作
- 通告与公告的区别
- 例文典范

意见

- 意见的特点
- 意见的种类
- 意见的写作
- 例文典范

通知

- 通知的特点
- 通知的种类
- 通知的写作
- 例文典范

通报

- 通报的特点
- 通报的种类
- 通知与通报的区别
- 通报的写作
- 例文典范

报告

- 报告的特点
- 报告的种类
- 报告的写作
- 例文典范

请示

- 请示的特点
- 请示的种类
- 请示与报告的区别
- 请示的写作
- 例文典范

批复

- 批复的特点
- 批复的种类
- 批复的写作
- 例文典范

函

- 函的特点
- 函的种类
- 函的写作
- 例文典范

纪要

- 纪要的特点
- 记录与纪要的区别
- 纪要的写作
- 例文典范

议案

- 议案的特点
- 议案的写作
- 例文典范

第一节　决议

决议是党政机关就重要事项，经过会议讨论通过，并要求贯彻执行的重要指导性公文，具有权威性和指导性，也是某些企业常用的公文之一。

决议适用于会议讨论通过的重大决策事项，是《党政机关公文处理工作条例》中新增的正式公文文种。

一、决议的特点

（一）权威性

决议是经过党政机关重要会议讨论通过才能生效，并由党政机关发布，一经发布，就必须严格遵守，认真落实，具有很强的权威性。

(二)指令性

决议是党政机关针对重大问题或重大事项所作的决策,一经发布,就会在较大范围内对党政机关的工作开展产生重大影响。

(三)表达集体意志

决议必须由重要会议按照一定程序讨论通过产生,是党政机关集体意志的反映,以"会议"为表述主体,常用"会议认为""会议决定""会议号召""会议要求""会议指出""会议强调"等。

二、决议的写作

(一)标题与成文日期

1.标题

决议常用以下三种标题形式:

(1)发文机关+关于+主要内容+的决议。

(2)会议名称+关于+主要内容+的决议。

(3)关于+主要内容+的决议。

2.成文日期

区别于其他党政机关公文,决议的成文日期用圆括号居中标注于标题下方,通常情况下,发文机关或会议名称也标注于成文日期中。如:

第十四届全国人民代表大会第二次会议关于政府工作报告的决议

(2024年3月11日第十四届全国人民代表大会第二次会议通过)

(二)正文

决议的正文由决议根据、决议事项和结语三部分组成。

1.决议根据

决议根据一般简要说明有关会议涉及事项的情况,陈述作出决议的原因、根据、背景、目的或意义。

2.决议事项

决议事项是决议的主体部分,需写明会议通过的决议事项,或会议对有关文件、事项作出的评价、决定,或对有关工作作出的安排和要求、措施。

3. 结语

结语一般紧扣决议事项有针对性地提出希望、号召和执行要求。结语可有可无,有的决议主体结束了,全文就结束,不必单独撰写结语。

三、例文典范

【范例1】

第十三届全国人民代表大会第四次会议关于国民经济和社会发展第十四个五年规划和2035年远景目标纲要的决议

(2021年3月11日第十三届全国人民代表大会第四次会议通过)

第十三届全国人民代表大会第四次会议审查了国务院提出的《中华人民共和国国民经济和社会发展第十四个五年规划和2035年远景目标纲要(草案)》,会议同意全国人民代表大会财政经济委员会的审查结果报告,决定批准这个规划纲要。

会议认为,在以习近平同志为核心的党中央坚强领导下,全党全国各族人民砥砺前行、开拓创新,"十三五"规划目标任务胜利完成,全面建成小康社会取得伟大历史性成就,决战脱贫攻坚取得全面胜利,中华民族伟大复兴向前迈出了新的一大步。这充分彰显了中国共产党领导和中国特色社会主义制度优势,将激励全党全国各族人民再接再厉,向实现第二个百年奋斗目标继续奋勇前进。

会议要求,"十四五"时期要高举中国特色社会主义伟大旗帜,深入贯彻党的十九大和十九届二中、三中、四中、五中全会精神,坚持以马克思列宁主义、毛泽东思想、邓小平理论、"三个代表"重要思想、科学发展观、习近平新时代中国特色社会主义思想为指导,全面贯彻党的基本理论、基本路线、基本方略,统筹推进经济建设、政治建设、文化建设、社会建设、生态文明建设的总体布局,协调推进全面建设社会主义现代化国家、全面深化改革、全面依法治国、全面从严治党的战略布局,坚持稳中求进工作总基调,准确把握新发展阶段,深入贯彻新发展理念,加快构建新发展格局,推动高质量发展,统筹发展和安全,推进国家治理体系和治理能力现代化,实现经济行稳致远、社会安定和谐,为全面建设社会主义现代化国家开好局起好步。

【简析】

该决议属于批准性决议,由标题、成文日期和正文三部分组成。标题采用了典型的"会议名称+关于+主要内容+的决议"结构。成文日期使用题注的形式,在标题之下附圆括号,内注"日期+会议名称+通过"字样。正文囊括了决议根据、决议事项和结语,结构完整。

例文首段开宗明义写明会议审查的内容，会议的意见以及会议的决定，言简意赅，内容明确。第二段高度概括了"十三五"规划目标的达成情况及其重要意义。第三段紧扣"十四五"时期的重点任务，提出了推动规划落实的工作基调和要求。

思考题

1.决议有哪些特点？主要用于哪些工作场景？

2.决议在公文格式上有哪些独特之处？

3. 认真阅读下面公文案例，改正不当之处并说明理由。

中共××市委第六届第七次全体会议决议

××发〔2024〕××号

中国共产党××市第六届委员会第七次全体会议于2024年3月15日召开。会议审议了《中共××市委关于××××主题教育活动的工作总结》。市委书记×××代表市委常委会向会议做了工作报告。

会议回顾了全市××××主题教育活动的开展情况，一致认为在党中央和省委的坚强领导下，全市各级党组织和广大党员按照××××主题教育工作要求，精心组织，周密部署，狠抓落实，圆满完成了规定的各项任务，基本实现了主题教育活动的目标。

会议指出，此次主题教育活动还存在工作不够均衡、整改不够彻底等不足和问题，需要切实抓好整改提高的后续工作，巩固扩大主题教育成果。

第二节　决定

决定主要用于对重要事项作出决策和部署、奖惩有关单位和人员、变更或者撤销下级机关不适当的决定事项。

需要注意的是，用决定部署的行动必须是"重大的"，处理的事项必须是"重要的"，安排、处理一般性的日常工作不宜使用决定这一文种。

一、决定的特点

（一）强制性

决定是上级机关针对重要事项和重大行动，经过会议讨论或领导班子研究通过后，对一定范围内的工作作出安排的文件。一经发布，决定就对受文单位具有相当的权威性和约束力，必须遵照执行。

（二）指导性

决定除决策性内容外，一般还涉及工作任务、具体措施、实施方案等，通过明确工作原则、任务、措施和方案等内容，指挥受文单位统一思想、严格执行。

（三）稳定性

决定的内容通常具有稳定性和长远性，要求在相当长的时间内贯彻执行，或在相当长的时间内发挥作用。

二、决定的种类

（一）法规性决定

法规性决定适用于发布权力机关制定、修订或试行的法律文件，以及由政府部门制定的行政法规，如《北京市人民代表大会常务委员会关于修改<北京市制定地方性法规条例>的决定》（2023年7月28日）。

（二）指导性决定

指导性决定适用于对某种问题、某个事项、某项行动进行决策性的指挥部署，如《国务院关于实施动产和权利担保统一登记的决定》（国发〔2020〕18号）。

（三）奖惩性决定

奖惩性决定适用于表彰或处分有关单位或个人，如《国务院关于2020年度国家科学技术奖励的决定》（国发〔2021〕22号）。

（四）变更性决定

变更性决定适用于变更机构人事安排或撤销下级机关不适当的决定事项，如《国务院关于取消和调整一批罚款事项的决定》（国发〔2023〕20号）。

三、决定的写作

（一）标题与成文日期

1. 标题

决定的标题一般要求发文机关名称、事由和文种三要素俱全，如《中共中央关于进一步全面深化改革、推进中国式现代化的决定》。

2. 成文日期

决定的成文日期有两种形式：

（1）由会议通过的决定日期通常采用题注式，直接标注在标题之下，用圆括号括入。如：

中共中央关于认真学习宣传贯彻党的二十大精神的决定

（2022年10月29日）

（2）其他类型决定的成文日期，可在正文结束后，与发文机关署名和印章一起构成落款。如：

国务院关于调整完善工业产品
生产许可证管理目录的决定

国发〔2024〕11号

各省、自治区、直辖市人民政府，国务院各部委、各直属机构：

为保障重要工业产品质量安全，强化产品准入管理和源头治理，防范产品质量安全重大风险，确保人民群众生命财产安全和公共安全，国务院决定，调整完善工业产品生产许可证管理目录，对冷轧带肋钢筋、瓶装液化石油气调压器、钢丝绳、胶合板、细木工板、安全帽等6种产品实施工业产品生产许可证管理。调整后，实施工业产品生产许可证管理的产品共计14类27个品种，由省级工业产品生产许可证主管部门负责实施，相关审批权限不得下放。同时，化肥生产许可证审批方式由告知承诺调整为“先核后证”审批。

国务院工业产品生产许可证主管部门要尽快制定冷轧带肋钢筋等6种产品生产许可证实施细则，并明确过渡期，确保于2024年9月底前开始实施。省级工业产品生产许可证主管部门要严格审批管理，提高审批效率，加强事前事中事后监管。各相关部门要做好协同配合，切实保障产品质量安全。

附件：实施工业产品生产许可证管理的产品目录

国务院

2024年5月3日

（此件公开发布）

(二)主送机关

主送机关虽然是公文格式中的一个重要部分,但并非所有公文都必须有主送机关。一般情况下,决定需要写主送机关,但受文对象明确的,可以省略。

(三)正文

决定的正文包括前言、主体和结尾三个部分。

1.前言

前言简要说明作出决定的缘由、依据、目的、意义等。有时会采用“现作出如下决定”“特决定如下”等形式作为过渡,但并非所有决定都必须有这样的过渡句。

2.主体

主体具体写明决定的事项、处理的问题、部署的行动等。

3.结尾

结尾提出执行决定的要求,发出希望与号召,说明决定生效的日期等。

决定的正文因内容、类型不同,写法有较大不同。

四、例文典范

【范例2】

××××大学关于×××违纪处分的决定

各单位:

×××,男,×××学院×××专业学生,学号2023×××。

在学校2024年7月举行的2023—2024第2学期期末考试中,×××将具有发送或接收信息功能的设备带入“高等数学2”期末考试考场,并在考试过程中使用具有发送或接收信息功能的设备查询、接收、发送与考试有关的内容,被监考老师当场发现、制止,并没收试卷。

根据《××××大学课程考核学生违纪及作弊处理办法》(××发〔2022〕××号)第××条第××款之规定,×××的行为属于考试作弊行为。经研究,决定给予×××留校察看处分,处分影响期6个日历月。处分期满后,由×××本人提出书面申请,报学校研究决定是否解除处分。

学生本人如对本处分决定持有异议,请于接到本处分决定之日起5个工作日内依据《××××大学学生校内申诉处理办法》(××发〔2022〕××号)相关规定,向学校学生申诉处理委员会提出书面申诉。

××××大学

2024年7月1日

【简析】

例文为处理处分决定，由标题、正文和落款三个部分组成。

处理处分决定的正文一般由以下几个方面构成：一是被处分者的基本信息；二是被处分者违法、违规、违纪的事实；三是给予处分的依据及具体处理意见，即作出处分决定；四是提出要求，呼吁吸取教训、引以为戒，这部分内容为非必需元素，可根据处分决定的具体情况选择是否撰写。

例文第一段对违纪学生×××的基本情况进行了简要介绍，第二段简要说明了×××的违纪事实，第三段说明了对×××行为的认定、处分依据和处分决定，第四段写明了×××的申诉权利和流程，内容完整、逻辑清晰，事实清楚、依据明确。

需要注意，处理处分性决定与表彰性决定在撰写过程中，要更加注重程序性、严谨性和客观性。

思考题

1.决定的种类有哪些？分别具有什么特点？

2.决议和决定有哪些不同之处？

3.认真阅读下面公文案例，改正不当之处并说明理由。

关于修订《中国民用航空××××规则》的决定

（2022年2月11日）

交通运输部决定对《中国民用航空××××规则》（民航总局令第×××号公布）作如下修改：

一、将第二百二十六条第一款修改为："未经民航×××按照《中国民用航空××××规则》批准，不得在机场内进行不停航施工。"

二、将第二百五十七条中的"民用航空油料供应企业适航批准书"修改为"民用机场航空燃油供应安全运营许可证"。

三、删去第二百八十七条中的"快报制度和月报制度"。

四、删去第二百九十条至第二百九十二条、第二百九十五条、第三百零一条、第三百一十四条、第三百一十五条。

《中国民用航空××××规则》根据本决定作相应修改并对条文序号作相应调整，重新公布。

交通运输部

2022年2月11日

第三节　命令

命令(令)是具有发文权限的上级机关发布的具有鲜明强制执行性、领导性和指挥性的下行文,“适用于公布行政法规和规章、宣布实施重大强制性措施、批准授予和晋升衔级、嘉奖有关单位和人员”。

一、命令的发布权限

命令对发文主体有严格的要求,依据《中华人民共和国宪法》《中华人民共和国地方各级人民代表大会和地方各级人民政府组织法》等法律规定:

全国人民代表大会常务委员会、委员长,国家主席,国务院总理、各部部长、各委员会主任、审计长、秘书长,县以上地方各级人民政府及其首长,乡镇级人民政府可以发布命令。

党的各级领导机关一般不单独发布命令,需要时可与人大常委会或政府机关联合发布命令。

中央军事委员会可以单独发布命令。

其他单位和个人,如各群众团体、各企事业单位等都不能发布命令。

二、命令的特点

(一)权威性强

《中华人民共和国宪法》等法律对命令的发布主体有严格的规定,不是所有的单位或个人都可以发布命令,因此命令具有很强的权威性。命令一经发布,其他单位或个人都不得修改或歪曲,如果其他公文与命令相关内容有冲突的,也一律以命令为准。

(二)强制性大

命令所涉及的事项,有的是发布行政法规和规章,有的是宣布实施重大强制性措施,体现着发令机关不可更改的意志。运用命令来奖惩有关人员,也必须是影响巨大的。上级机关发布了命令,受文机关必须坚决、无条件执行。因此在党政机关公文中,命令是最

具强制性的。

三、命令的种类

(一)公布令

公布令适用于公布法律、行政法规和规章。

(二)行政令

行政令或称行政法令,适用于国家行政机关宣布实施重大强制性行政措施。

(三)嘉奖令

嘉奖令适用于表彰、奖励有突出贡献的集体和个人。

(四)任命令

任命令适用于任免国家高级干部和其他重要工作人员。

四、命令的写作

(一)标题与发文字号

1.命令的标题一般有两种形式

(1)发文机关+事由+文种,如《关于公布<中华人民共和国海关报关单位备案管理规定>的令》(海关总署令第253号)。

(2)发文机关(发令人职务)+文种,如《中华人民共和国主席令》。

2.发文字号

命令(令)的发文字号一般有三种形式。

(1)发文机关代字+年份+序号,如《全球系统重要性银行总损失吸收能力管理办法》(中国人民银行 中国银行保险监督管理委员会 财政部令〔2021〕第6号)。

(2)序号式,如《中华人民共和国国务院令(第754号)》。

(3)以发令机关的发令顺序按年度编流水号,或按领导人任期的发令顺序编号,如《中华人民共和国交通运输部令》(2024年第7号)、《中华人民共和国主席令(第二十五号)》。

(二)主送机关

面向全社会公开发布的命令(令),可以省略主送机关;有具体受令者、执行者的,必须写明主送机关。

(三)正文

1.公布令

公布令主要包括公布的法律、行政法规和规章的名称及其依据,施行的日期。法律、行政法规和规章的全文通常以附件的形式体现。

2.行政令

行政令主要包括发令的缘由、目的、依据,命令的内容,执行命令的要求等。

3.嘉奖令

嘉奖令主要包括嘉奖对象的主要事迹和影响、嘉奖决定、希望和号召等。

4.任免令

任免令主要包括任免依据、被任免者的姓名及任免职务。

(四)署名和日期

命令(令)必须有署名和日期。一般由发令机关名称(或发令者职务+姓名)、成文日期组成;成文日期一般标注在署名下方,但也有标注在标题之下的。

五、例文典范

【范例3】

中华人民共和国交通运输部令

2024年第6号

《民用航空计量管理规定》已于2024年3月22日经第4次部务会议通过,现予公布,自2024年6月1日起施行。

部长　李小鹏

2024年3月27日

民用航空计量管理规定

第一条　为了加强对民航计量工作的监督管理,保障民航量值的准确可靠,根据《中华人民共和国计量法》《中华人民共和国计量法实施细则》等法律、行政法规,制定本规定。

第二条—第十九条(略)

第二十条　本规定自2024年6月1日起施行。原中国民用航空总局于1996年10月11日公布的《中国民用航空计量管理规定》(民航总局令第55号)同时废止。

【简析】

例文属于公布令，由标题、发文字号、正文、落款和附件五部分组成。标题采用了“发文机关+文种”的形式。发文字号采用“年度+流水编号”的形式，是交通运输部2024年发布的第6号令。

正文点明了所公布的规章名称，说明了规章发布的依据(经2024年3月22日交通运输部第4次部务会议通过，程序合法)，作出了“现予公布”的决定，指出了规章实施的期限，内容简洁，要素齐全。该规章由时任交通运输部部长的李小鹏签署，落款直接用“部长　李小鹏+成文日期”构成。

规章内容较多，以附件形式附在正文下方。需要注意的是，法律、法规、规章必须有施行日期，一般写在最后几段；若新发布的法律、法规与原有的法律、法规内容冲突，必须明确指出原有法律、法规废止。

【范例4】

国务院关于对中国民航乘务员

张丽萍的嘉奖令

国发〔1989〕46号

四月二十四日，中国民航南昌独立飞行中队张洪元机组驾驶3482号飞机，执行宁波至厦门5568次航班运输任务。飞机起飞不久，一名歹徒以炸机相威胁，企图劫持飞机。机上乘务员张丽萍临危不惧，机智勇敢，与见义勇为的乘客一起将歹徒制服，保证了飞机安全降落在福州机场，粉碎了一起严重劫机事件。

张丽萍同志的英雄事迹，表现了她热爱祖国，热爱社会主义民航事业的高尚品德，以及她为维护旅客生命和国家财产的安全，不怕流血牺牲的大无畏精神。为了表彰张丽萍同志这一英雄行为，国务院决定授予她“中国民航模范乘务员”的称号。对见义勇为的乘客，请当地人民政府给予表彰。

国务院号召全国民航空勤人员和广大职工向张丽萍同志学习，努力做好本职工作，确保飞行安全，不断提高服务水平，全心全意为广大旅客服务，为我国的改革开放和社会主义现代化建设作贡献。

国务院

一九八九年六月二十九日

【简析】

例文是嘉奖令，由标题、发文字号、正文、落款四个部分构成，满足嘉奖令的格式要素规范。

第一段扼要清楚地说明了被嘉奖人张丽萍的先进事迹，包括了事件发生的时间、场所、过程，以及张丽萍的行为表现和结果，语言简明、叙述真实。

第二段内容包含了对张丽萍行为表现的评价，以及如何对张丽萍进行嘉奖，即作出嘉奖决定。需要注意的是对嘉奖对象评价时，一定要客观适度，以维护嘉奖令的严肃性。

第三段是提出希望和号召，这也是发布嘉奖令的目的。通常会采用向被嘉奖人员学习、努力做好本职工作等形式，这是嘉奖令惯用的结尾。

思考题

1. 相较于其他文种，命令(令)在格式要素上有哪些独特之处？

2. 在发布法律、法规，进行表彰奖励时，命令(令)与决定主要有哪些区别？

3. 认真阅读下面公文案例，改正不当之处并说明理由。

中国共产党××××大学委员会令

第三十六号

《××××大学网络安全管理办法》已于2024年7月12日经学校党委第十二次常委会审议通过，现予发布，自2024年8月1日起施行。

校党委书记×××

2024年7月12日

第四节　公报

公报是党政机关和人民团体公开发布重大事件或重要决定事项的报道性公文，适用于公布重要决定或者重大事项，是党和国家经常使用的重要文种。

一、公报的特点

（一）权威性

发布公报的主体有严格的限制，多以中央、国家的名义发布，是党和国家主动公开信息、引导舆论走向的重要工具。公报所涉及的内容均为党内外、国内外普遍关心和瞩目的重大事件或重大决定，代表了党和国家的权威意志。

（二）公开性

公报是公之于众的文件，无须保密，一般没有主送机关、抄送机关，普告天下、一体周知是公报的核心性质。

（三）新闻性

公报的内容都是新近发生的事件或新近作出的决定，为了尽快公之于众，需要迅速制发、及时传播，与新闻有共同的特性。

二、公报的种类

（一）会议公报

会议公报适用于报道重大会议的内容、选举的结果或其他重要成果，为未来开展具体工作提供明确指导或具有纲领性作用的公报。

（二）事项公报

事项公报既适用于党的高级领导机构发布重大情况、重要事件，也适用于高层行政机关向人民群众公布重大决策、重要事项或重大措施。

（三）联合公报

联合公报是一种特殊用途的公报，适用于发布国家之间、政党之间、团体之间经过会议达成的某种协议。

三、公报的写作

公报主要包括首部、正文和尾部三个部分。

(一)首部

公报的首部包括标题和成文时间。

1.标题

公报的标题一般有三种形式。

(1)事项内容+文种,如《中华人民共和国2023年国民经济和社会发展统计公报》。

(2)会议名称+文种,如《中国共产党第二十届中央委员会第三次全体会议公报》。

(3)双方/多方国家名称+事由+文种,如《中华人民共和国和美利坚合众国关于建立外交关系的联合公报》。

2.成文时间

公报的成文时间通常用圆括号居中标注于标题下方,一般采用(××××年××月××日)的形式,有时发文机关、会议名称、签署地点等内容也会体现在成文时间中。

(二)正文

公报的正文由开头和主体组成。

1.开头

(1)会议公报的开头包括会议名称、时间、地点、参加人员等。

(2)事项公报的开头包括何时、何地、发生了什么重大事件。

(3)联合公报的开头包括何时、何地、何人举行了什么会谈,或谁与谁进行了什么性质的访问。

2.主体

主体是公报的核心内容,要求把公报的内容完整、系统、有序地表达清楚。常见的公报主体有三种形式:

(1)分段式,每一段说明一层意思或一项决定。

(2)序号式,每一部分说明一个方面的内容,多用于内容比较复杂、头绪较多的公报。

(3)条款式,分条列项地公布内容,多用于联合公报。

（三）尾部

会议公报和事项公报一般没有尾部。联合公报需要在正文之后写明双方签署人的身份、姓名、日期和签署地点等。

四、例文典范

【范例5】

2023年民航行业发展统计公报

中国民用航空局

2024年5月

2023年，民航全行业在以习近平同志为核心的党中央坚强领导下，坚持以习近平新时代中国特色社会主义思想为指导，全面贯彻落实党的二十大精神和中央经济工作会议精神，坚决贯彻落实党中央、国务院决策部署，按照“三新一高”部署要求，坚持稳中求进，统筹安全运行、恢复发展和疫情防控，民航高质量发展迈出坚实步伐。

一、运输航空

（一）运输周转量。

2023年，全行业完成运输总周转量1188.34亿吨公里，比上年增长98.3%。国内航线完成运输总周转量867.33亿吨公里，比上年增长123.6%，其中，港澳台航线完成10.00亿吨公里，比上年增长334.2%；国际航线完成运输总周转量321.01亿吨公里，比上年增长51.8%。

（图1略）

全行业完成旅客周转量10308.98亿人公里，比上年增长163.4%。国内航线完成旅客周转量9079.46亿人公里，比上年增长138.6%，其中，港澳台航线完成93.55亿人公里，比上年增长1336.2%；国际航线完成旅客周转量1229.52亿人公里，比上年增长1029.4%。

（图2略）

全行业完成货邮周转量283.62亿吨公里，比上年增长11.6%。国内航线完成货邮周转量70.47亿吨公里，比上年增长34.7%，其中，港澳台航线完成1.84亿吨公里，比上年增长6.4%；国际航线完成货邮周转量213.15亿吨公里，比上年增长5.6%。

（图3略）

（二）旅客运输量。（略）

(三)货邮运输量。(略)

(四)飞行小时和起飞架次。(略)

(五)运输航空企业数量。(略)

(六)运输机队。(略)

(七)航线网络。(略)

(八)运输航空(集团)公司生产。(略)

(九)重大航空运输任务。(略)

(十)运输机场。(略)

(十一)机场业务量。(略)

二、通用航空

(一)通用航空企业数量。(略)

(二)机队规模。(略)

(三)通用机场。(略)

(四)飞行小时。(略)

(五)民用无人驾驶航空情况。(略)

三、运输效率与经济效益

(一)运输效率。(略)

(二)经济效益。(略)

四、航空安全与服务质量

(一)航空安全。(略)

(二)空防安全。(略)

(三)航班正常率。(略)

(四)服务质量。(略)

五、教育与科技创新

(一)教育情况。(略)

(二)科技创新。(略)

(三)航行新技术应用。(略)

六、专业技术人员

(一)飞行员数量。(略)

(二)其他专业技术人员。(略)

七、对外关系(略)

八、适航审定(略)

九、固定资产投资(略)

十、绿色发展(略)

十一、法规和信用体系建设(略)

十二、工会工作(略)

【简析】

例文是民航行业发展年度统计公报,是民航局就2023年全国民航行业发展情况发布的数据统计公报,属于事项公报。例文由首部(标题、发布单位和发布时间)、正文两大部分构成。标题采用了事项内容+文种的形式。发布单位和发布时间标注在标题下方。

例文的首段是正文的开头,用高度概括的语言介绍了2023年民航行业发展的总体情况。

例文主体采用了序号式的形式,从十二个主要方面总结展示了2023年全国民航行业发展的情况。例文语言平实,数据翔实,专业性强,同时使用了大量图表,很好地体现了统计公报用数据说话的特点。

思考题

1.公报的种类主要有哪些,分别适用于哪种场景?

2.认真阅读下面公文案例,改正不当之处并说明理由。

×××大学和×××研究院关于建立战略合作关系的联合公报

为充分发挥民航行业发展在国家经济社会中的重要作用,探索和构建产学研深度融合的校所合作模式,不断提升民航科教创新能力,×××大学和×××研究院本着合作共赢、共同发展的基本原则,决定建立长期、全面的战略合作关系。为此,双方商定:

一、开展广泛科研合作

1.双方围绕民航基础性与前沿性科学研究,发挥各自比较优势,共同申报科技项目、联合研发、转化成果。

2.整合双方资源优势,联合申报国家技术创新中心、国家重点实验室和工程技术研究中心。

3.不定期组织专家团队联合开展民航产业政策、发展规划等论证咨询,开展民航科技发展趋势等战略研判,举办学术会议和科技论坛,形成多层次长效沟通交流机制。

二、开展深度人才培养合作

1.双方共同开展人才培养方案、课程大纲修订等工作,选派×××研究院优秀技术人员作为×××大学的校外导师,持续推进本科生、研究生联合培养。

2.×××研究院为×××大学学生提供实习实训机会,接收×××大学毕业生就业。

三、建立长效会商机制

1. 双方建立不定期会商机制，决定重大合作事项，通报合作进展情况，处理重大合作问题。

2. 双方的党政办公室作为双方联络协调部门，具体负责合作过程中的沟通、联络和协调工作。

×××大学　　　　　　　×××研究院

代 表　　　　　　　　代 表

（签 字）　　　　　　（签 字）

第五节　公告

公告是向国内外宣布重要事项或者法定事项的公文，主要适用于以下两个场景：一是向国内外宣布重要事项，“重要事项”是指国内外关注的，尤其是有必要让国外知晓的大事；二是向国内外宣布法定事项，“法定事项”包括由国家机关依法决定的事项和根据法律规定应该使用“公告”文种予以公布的事项。

一、公告的特点

（一）制发机关特定

并非所有机关或团体都有制发公告的权限，可以使用公告这一文种来宣布重大事项或法定事项的机构一般层次、级别较高，如国务院及其所属的各部、委，省、自治区、直辖市人民政府等。

（二）宣布事项重大

一般通过公告发布的事项均为国内外重点关注的事项，如1949年10月1日下午3时，在中华人民共和国开国大典上，中央人民政府主席毛泽东宣读的《中华人民共和国中央人民政府公告》，在国际国内引起了巨大反响。

(三)宣布范围广泛

在《党政机关公文处理工作条例》规定的15个文种中,只有公告是明确“向国内外宣布”的,因此在所有法定文种中,公告的发布范围最为广泛。

二、公告的种类

(一)知照性公告

知照性公告适用于向国内外宣布需要国内外关注、了解的大事。如商务部、生态环境部、海关总署联合发布的《关于发布第三批综合保税区维修产品目录的公告》(2024年第7号)。

(二)祈使性公告

祈使性公告除了向国内外宣布重要事项,还要求相关方面遵守有关规定。如国家税务总局《关于公布已取消税务行政许可事项的公告》(2019第11号),各级税务机关需要根据公告事项全面落实“已取消税务行政许可”的要求。

三、公告的写作

公告一般由标题、正文和结尾构成。

(一)标题

公告的标题一般有三种形式:

(1)发文机关+事由+文种,如《商务部关于对原产于欧盟的进口相关猪肉及猪副产品进行反倾销立案调查的公告》(2024年第23号)。

(2)发文机关+文种,如《中华人民共和国应急管理部公告》(2019年第21号)。

(3)仅写出“公告”两字,发文机关的名称在落款处体现。

(二)正文

公告的正文一般由开头、主体和结束语组成。

1. 开头

公告的开头一般用于写明发布公告的背景,包括缘由、目的和依据等。但也有公告

省略开头部分，开门见山，直接写主体内容。

2. 主体

主体是公告的主要组成部分，用于写明公告的事项，若事项内容较多、较为复杂，可用分条款的形式撰写。公告事项交代清楚后，一般会用“特此公告”结束。

（三）结尾

结尾即落款，主要包括发文机关名称和日期。有的公告标题中已经出现发文机关名称的，结尾处可不再体现，仅写日期即可。

四、例文典范

【范例6】

关于2015年危险品航空运输违规行为处罚情况的公告

为进一步加强危险品航空运输管理，规范危险品航空运输秩序，发挥舆论监督作用，保障危险品航空运输安全，依据《民用航空危险品运输管理规定》第一百三十条的规定，现将2015年民航管理部门对违规航空运输危险品责任单位的处罚情况予以公告。

民航局

2016年5月30日

【简析】

例文是民航局发布的一份知照性公告。从格式上看，公告标题采用了“事由+文种”的形式，由于结尾处有发文机关名称，故标题处作省略处理。正文和结尾要素完整，符合《党政机关公文处理工作条例》的相关规定。从内容上看，例文先写明了发布公告的目的和依据，然后用“现将2015年民航管理部门对违规航空运输危险品责任单位的处罚情况予以公告”一句话将公告的内容写明；由于处罚的对象、事由、依据、种类、实施机关和日期等内容较多，且有一定的一致性，故使用附件表格的形式呈现。

思考题

1.判断正误

（1）公报和公告行文时，均可以向国内和国外发布。 （ ）

（2）为了处分性质恶劣、影响严重的违规违纪学生，更好地达到批评教育、警示提醒的作用，可以采用公告的形式发布。 （ ）

（3）由于公报和公告影响大、范围广，可以不写主送机关。 （ ）

(4)公报、公告等文种对及时性都有较高的要求，因此要求事件发生的当天就要发布。（　　）

(5)为了体现公报和公告的权威性，一般都要求在标题处写明发文机关的名称。（　　）

2.写作实训

×××机场因为设施设备老旧，存在较大安全隐患，已不能正常运行。经报××地区管理局审批同意，×××机场计划于2024年1月1日至3月31日对机场设施进行维护升级，此间所有航班取消。机场设备升级完成后，复航，正常运营。

请你以此为背景，以×××机场集团的名义拟一份公告。

第六节　通告

通告是一种周知性公文，适用于在一定范围内公布应当遵守或者周知的事项。通过《党政机关公文处理工作条例》对通告的定义，可以知道，相较于公告，通告宣布的通常为一般事项，且只在国内的一定范围或领域公布。

一、通告的特点

（一）规范性

通告所宣布的事项常作为一定范围或领域的行为准则或约束限制，具有行政约束力甚至是法律效力。如《关于庆祝“航海日”船舶挂旗并统一鸣笛的通告》（2005年第3号）。

（二）广泛性

通告的适用范围广泛，各级党政机关可以使用，企事业单位、社会团体也可以使用。通告的内容广泛，涉及社会生活的方方面面。

二、通告的种类

（一）周知性通告

周知性通告适用于传达告知业务性、事务性事项，仅供人们知晓，一般没有执行要求。如《工业和信息化部关于公布第五批国家工业遗产名单的通告》。

（二）规定性通告

规定性通告适用于公布国家有关政策、法规或要求遵守的事项，具有强制性的行政措施。如《最高人民法院 最高人民检察院 公安部关于依法收缴非法枪爆等物品严厉打击涉枪涉爆等违法犯罪的通告》。

三、通告的写作

通告一般由标题、正文和结尾构成。

（一）标题

通告的标题一般有四种形式：

（1）发文机关+事由+文种，如《国家邮政局 公安部 国家安全部关于加强第19届亚洲运动会和第4届亚洲残疾人运动会期间寄递物品安全管理的通告》。

（2）发文机关+文种，如《中华人民共和国应急管理部 国家矿山安全监察局通告》。

（3）事由+文种，如《关于新冠肺炎疫情期间依法严厉打击跨境赌博和电信网络诈骗犯罪的通告》。

（4）仅写“通告”二字，如遇特别紧急的事项，可在“通告”前加上“紧急”。

（二）正文

通告的正文一般由开头、主体和结束语组成。

1. 开头

通告的开头一般用来阐述发布通告的背景，包括原因、目的和依据等。

2. 主体

通告的主体是全文的核心部分，需要写明周知的事项和执行的要求。通告需要条理分明、层次清晰，若遇内容较多、事项复杂的情况，多采用分条列项的形式阐述。核心内容阐述完毕后，一般会用“特此通告”“本通告自发布之日起实施”等结束语结尾。

（三）结尾

即通告的落款，包括发文机关名称和日期。如果标题处没有发文机关名称和日期等信息，结尾处就必须体现。

四、通告与公告的区别

通告与公告均可用于宣布事项，有一定的相似性，但在发布内容、发布单位、发布范围等方面有较大的区别。

（一）发布内容不同

通告用于宣布一般性事项，而公告则用于宣布重大事项，或有特定用途的法定事项。

（二）发布单位不同

通告的发布机关较为广泛，一般来说，行业通告、祈使性通告多由政府机关发布，知照性通告则可由各行政机关、企事业单位和社会团体发布；公告的发布机关级别高，一般由法定授权的权力机关、行政机关、司法机关以及法定的特殊机关单位发布。

（三）发布范围不同

公告的发布范围比较广泛，面向国内外；而通告的范围比较窄，限于一定范围或领域，内容多指向特定的人群。

五、例文典范

【范例7】

东北管理局关于注销辽宁子午线航空有限公司通用航空经营许可的通告

辽宁子午线航空有限公司在航空器数量、年报报送等方面不满足《中华人民共和国民用航空法》和《通用航空经营许可管理规定》的相关要求，我局于2025年4月25日以通告的方式送达《民用航空撤销行政许可决定书（东北局撤许决通航字〔2025〕1号）》。根据《中华人民共和国行政许可法》第七十条、《通用航空经营许可管理规定》第三十五条，依法注销辽宁子午线航空有限公司通用航空经营许可证（民航通企字第0489号）。

因无法与公司法定代表人、负责人及相关人员取得联系，依法通告送达《通用航空经营许可注销通知书》（详见附件）。自发出通告之日起，经过30日即视为送达。如公司与我局取得联系，可以转为其他方式送达。

附件：通用航空经营许可注销通知书（东北通航企注202501）

民航东北地区管理局

2025年5月28日

【简析】

例文为民航东北管理局发布的一份规定性通告。标题由发文机关、事由和文种构成。正文开门见山，写明民航东北管理局注销辽宁子午线航空有限公司通用航空经营许可的原因和依据，没有任何赘述。正文第二段对依法用“通告”这一形式送达《注销通知书》进行了说明，并明确“自发出通告之日起，经过30日即视为送达”，语言表达准确。《注销通知书》则以附件形式呈现。结尾处写明了发文机关和成文日期，要素齐全。

思考题

1. 相较于公报、公告，通告有哪些特点和不同？

2. 举例说明在民航系统，哪些单位可以发布公报，哪些单位可以发布公告，哪些单位可以发布通告？

3. 写作实训

因为国家相关政策的调整，各航空公司先后开始下调国内航线收取旅客的燃油附加费征收标准。请你按照通告的格式和内容要求，结合以下信息，写一份×××航空公司降低国内航线燃油附加费用标准的通告。

调整时间：2024年9月1日起。

调整方案：(1)800公里以下的航线燃油附加每航段收取人民币30元；(2)800公里以上航线燃油附加每航段收取人民币50元；(3)婴儿旅客免收；(4)儿童、革命伤残军人、因公致残人民警察按实际收取标准减半收取。

补充说明：(1)实际收取金额需要以系统自动计算的结果为准。(2)旅客在9月1日前购买了×××航空公司的国内航班，若在9月1日以后进行改签或变更，×××航空公司将不退还已收取的燃油附加费用。

第七节　意见

意见是对重要问题提出见解和处理办法时使用的公文文种。相较于其他文种，意见最显著的特点是行文的多向性，既可以是上行文，也可以是平行文和下行文。

一、意见的特点

（一）行文灵活性

绝大多数机关公文具有严格的行文方向，而意见由于其功能和作用，行文方向十分灵活。意见可以作为下行文，用于上级机关对下级机关提出指导性、规定性意见；可以用作上行文，用于下级机关向上级机关提出建设性意见；也可以用于不相隶属的或平级的机关之间行文。

（二）行文针对性

意见的制发常用于解决和处理重要问题，提出针对性的办法，简而言之就是“对症下药”，因此意见具有很强的针对性和可操作性。

（三）行文广泛性

意见广泛适用于各级行政机关、企事业单位和人民团体，它对行文机关没有限制。

二、意见的种类

（一）指导性意见

指导性意见适用于上级机关或行业主管部门阐述和说明开展某项工作的基本思想、原则、要求，并对工作进行原则性指导。如《中国民用航空局关于印发落实数字中国建设总体部署 加快推动智慧民航建设发展的指导意见》（民航发〔2023〕17号）。

(二)实施性意见

实施性意见适用于针对某一时期、某一方面工作规定的目标和任务,提出具体的措施、方法和步骤。如《中国民用航空局关于推进民航运输价格和收费机制改革的实施意见》(民航发〔2015〕132号)。

(三)建议性意见

建议性意见适用于向领导机关或业务主管部门提出解决存在问题的设想、建议。如国家林业局2005年上报国务院审批的《关于各地区“十一五”期间年森林采伐限额的审核意见》。

(四)评估性意见

评估性意见适用于业务职能部门或专业机构就某项专门工作,经过专业调查、研究、评估后,把商定的评估、鉴定结果送交有关方面。如《关于〈浦东国际机场绿化专项规划〉的审核意见》(沪绿容〔2023〕210号)。

三、意见的写作

意见一般由标题、主送机关、正文和落款组成。

(一)标题

意见的标题一般有两种形式。

(1)发文机关+事由+文种,如《国务院关于促进民航业发展的若干意见》(国发〔2012〕24号)。

(2)事由+文种,如《关于全面深化运输航空公司飞行训练改革的指导意见》(民航发〔2019〕39号)。

为体现意见的功能和作用,意见的标题常有“指导意见”“实施意见”“若干意见”“评审意见”等。

(二)主送机关

除个别专业评估性意见外,绝大多数意见都要写明主送机关。

(三)正文

1.前言

前言概述发布意见的背景,包括当前面临的形势和问题,发布意见的目的、意义和依据等。一般会以“现提出以下意见”作为过渡,引出主体。

2.主体

主体是意见的核心部分,写明意见的具体内容,一般包括指导思想、目标任务、工作要求、措施办法、实施步骤或建议事项。一般,意见主体会采用分条列项的形式,分述意见的具体内容;评估性意见则要写明具体的鉴定结论。

(四)结尾

结尾即落款,需要写明发文机关的名称和成文时间。

四、例文典范

【范例8】

关于统筹推进民航降成本工作的实施意见

民航各地区管理局,各运输(通用)航空公司,各航空油料公司,各机场公司,局属各单位:

为贯彻落实党中央、国务院关于降低实体经济企业成本的决策部署,巩固民航降成本成果,有效降低民航企业成本负担,优化民航营商环境,现提出以下实施意见。

一、总体要求

(一)指导思想。

以习近平新时代中国特色社会主义思想为指导,全面贯彻党的十九大和十九届二中、三中全会精神,深入落实中央经济工作会议和《政府工作报告》部署,按照“巩固、增强、提升、畅通”的要求,深化民航供给侧结构性改革,聚焦民航企业降成本的需求和关切,统筹推进民航降成本工作,切实降低民航企业成本负担,增强民航市场主体活力,推动民航高质量发展。

(二)基本原则。

坚持长效机制和短期措施相结合。(略)

坚持统筹推进和重点突破相结合。(略)

坚持外部减负和内部挖潜相结合。(略)

(三)主要目标。

经过1至2年努力,民航企业成本负担明显下降,进一步优化民航营商环境。

二、合理降低企业税费负担

(四)降低民航发展基金征收标准。(略)

(五)积极落实国家惠企减税政策。(略)

三、降低和规范经营服务性收费

(六)降低和规范民用机场收费标准。(略)

(七)降低航空煤油销售价格。(略)

(八)明确北京大兴国际机场价格收费政策。(略)

(九)完善价格收费形成机制。(略)

(十)规范下属单位和行业协会收费。(略)

(十一)加强民航价格收费监管。(略)

四、推动降低制度性交易成本

(十二)继续深化"放管服"改革。(略)

(十三)持续优化政务服务。(略)

(十四)不断改善空管运行环境。(略)

五、支持鼓励企业内部挖潜增效

(十五)加强内部成本管控。(略)

(十六)引导企业管理创新。(略)

(十七)鼓励先进技术应用。(略)

六、工作要求

(十八)加强组织领导和统筹协调。(略)

(十九)加强对落实情况的督促检查。(略)

(二十)加强政策宣传和评估总结。(略)

中国民用航空局

2019年5月8日

【简析】

例文是民航局发布的一份实施性意见。标题采用了"事由+文种"的形式。例文第一段概括地说明了推进民航降成本工作的缘由和目的,并用"现提出以下实施意见"引出主体部分内容。例文主体采用"序号+小标题"的形式,分门别类地写明了该实施意见的指导思想、基本原则、主要目标以及具体举措,是典型的"意见"文种写法。例文语言多采用短句的形式,达到了言简意赅、意义明确的目的。例文直抒胸臆,重点明确,并单列一条"工作要求"用以督促各项举措的落实，为民航系统各单位、各部门开展好降低成本工作指明了方向，提供了方法。

思考题

1.判断正误

(1)指导性意见属于上行文。 (　　)

(2)意见必须写明主送机关。 (　　)

(3)意见作为党政机关公文的一种，是一种权威性的文种，发布单位必须为国家机关。 (　　)

(4)区别于其他文种，意见在标题处可细化为指导意见、实施意见、若干意见等。 (　　)

(5)意见适用于对重要问题提出见解和处理办法，收到意见的单位一般都要向意见的发出单位进行回复。 (　　)

2.写作实训

请按照意见的格式和内容要求，结合所学的民航专业知识和国内民航实事，撰写一份关于加强民航空勤人员作风的指导意见。

第八节　通知

通知适用于发布、传达要求下级机关执行和有关单位周知或者执行的事项，也用于批转下级机关的公文、转发上级机关或不相隶属单位的公文，亦被用于任免和聘用人员。

一、通知的特点

(一)广泛性

无论是党政机关、企事业单位，或是社会团体，不论单位级别和大小均可以使用通知；因此，在党政机关所有文种中，通知的使用范围最为广泛，使用频率也最高。

(二)多样性

通知可以用来传达指示、发布规章、布置工作、技术指导、批转文件、任免干部等,功能和适用场景多。

(三)指导性

通知常用来发布规章、传达上级指示、布置工作、转发重要文件,在日常工作中都有较强的指导功能。

(四)时效性

通知中要求办理的事项,通常都有比较明确的时间限制,要求在规定时间内办结。

二、通知的种类

(一)发布性通知

发布性通知用于发布行政规章制度及党内规章制度、意见、办法等带有法规性文书。如《中国民用航空局 自然资源部关于印发〈民用机场净空保护区域内建设项目净空审核管理办法〉的通知》(民航发〔2023〕1号)。

(二)批转性通知

批转性通知用于上级机关批转下级机关的公文,请所属人员周知或执行。如《国务院批转公安部、民航局关于简化购买国内飞机票手续问题的请示的通知》(国发〔1985〕133号)。

(三)转发性通知

转发性通知用于转发上级机关和不相隶属的机关的公文,请所属人员周知或执行。如《民航局综合司关于转发国管局 中直管理局〈中央和国家机关所属事业单位办公用房管理办法〉的通知》(民航综函〔2024〕34号)。

(四)指示性通知

指示性通知用于上级机关指示下级机关如何开展工作。如《民航局印发〈关于加强民航专业工程建设质量管理工作的二十条措施〉的通知》(民航规〔2023〕33号)。

（五）任免性通知

任免性通知用于任免和聘用干部。如《国务院办公厅关于中国人民银行货币政策委员会主席任免的通知》（国办函〔2003〕4号）。

（六）事务性通知

事务性通知用于处理日常工作中带事务性的事情，常把有关信息或要求用通知的形式传达给有关机构或群众。如《关于召开2024年全国民航工作会议的通知》（局发明电〔2023〕2827号）。

三、通知的写作

通知一般由标题、主送机关、正文和结尾组成。

（一）标题

通知的标题一般采用公文标题的常规写法，由发文机关+事由+文种组成，也可省略发文机关，仅写事由和文种。

发布规章的通知，所发布的规章名称要在标题中体现，并用书名号括入；批转和转发文件的通知，所转发的文件内容要在标题中出现，但不一定使用书名号。

（二）主送机关

通知的受文对象比较广泛，一般主送机关也较多，要注意主送机关排列的规范性，一般按照重要程度排列，遵从“先外后内”“先大后小”“党政军群”的顺序。如民航局《关于召开2024年全国民航工作会议的通知》的主送机关有民航各地区管理局，各运输（通用）航空、服务保障公司，各机场公司，局属各单位。

（三）正文

通知的正文由开头、主体和结尾组成。

1. 开头

通知的开头一般用来交代发布通知的背景，包括原因、根据、目的、意义等。

批转、转发性通知，根据情况，可以在开头表述通知背景，但多数以直接表达转发对象和转发决定为开头，无须说明背景。

发布性通知，多数情况下篇段合一，无明显的开头，一般也不交代背景。

2. 主体

主体是通知的核心部分，所发布的规章、作出的指示、安排的工作、提出的方法、措施和步骤等，都在这一部分中有条理地组织表达。内容复杂的需要分条列项。

发布指示、安排工作的通知，一般会在结尾处提出贯彻执行的要求，但不是必需。

（四）结尾

结尾即通知的落款，包括发文机关名称和日期。通知必须有落款。

四、例文典范

【范例9】

工业和信息化部　中国民用航空局关于印发

《民用机场跑道外来物探测设备无线电管理暂行规定》的通知

相关省、自治区、直辖市工业和信息化主管部门，青海、宁夏无线电管理机构，民航各地区管理局，各机场公司，相关单位：

现将《民用机场跑道外来物探测设备无线电管理暂行规定》印发给你们，请认真遵照执行。

工业和信息化部　中国民用航空局

2023年3月21日

民用机场跑道外来物探测设备

无线电管理暂行规定

第一条　为提升民用机场安全运行水平和效率，满足民用机场跑道外来物(FOD)探测设备无线电频率使用需求，维护空中电波秩序，保障电磁空间安全，根据《中华人民共和国无线电管理条例》《民用机场管理条例》《中华人民共和国无线电频率划分规定》等法规规章，结合我国无线电频率使用情况，制定本规定。

第二条　本规定所称FOD是指在机场跑道区域内无运行或者航空功能，并可能构成航空器运行危险的无生命的物体。

本规定所称FOD探测设备是指利用发射和接收无线电信号测定机场跑道外来物位置的无线电定位业务电台，其部署方式主要有边灯式、塔架式和移动式。

第三条—第十条　略

第十一条　本规定自2023年4月1日起施行。

附件：

1.FOD 探测设备的射频技术要求

2.设置、使用76-77GHz 频段 FOD 探测设备与汽车雷达之间的干扰规避要求

【简析】

例文是工信部与民航局联合印发的发布性通知，目的是让各地无线电管理单位和民航相关单位知晓、执行《民用机场跑道外来物探测设备无线电管理暂行规定》。例文标题由事由+文种组成。主送单位按照“先外后内”“先大后小”的原则，分类别写明了需要知晓、执行的各相关单位。例文正文仅用一句话点明所需公布的规章，毫无赘述。因内容较多，整体放在落款之后，采用分条列项的形式逐条阐释，最后用“本规定自2023年4月1日起施行”结尾。例文详略得当，结构合理，用语简洁，内容完整。

【范例10】

中国民用航空局　国家发展和改革委员会关于进一步深化民航国内航线运输价格改革有关问题的通知

民航各地区管理局，各省（自治区、直辖市）发展改革委，各运输航空公司：

为贯彻落实党中央、国务院决策部署，扎实做好“六稳”工作，全面落实“六保”任务，有效扩大国内航空运输市场需求，按照《中共中央　国务院关于推进价格机制改革的若干意见》（中发〔2015〕28号）有关要求，进一步深化民航国内航线运输价格（以下简称国内运价）市场化改革，扩大市场调节价航线范围。现就有关事项通知如下：

一、3家以上（含3家）航空运输企业参与运营的国内航线，国内运价实行市场调节价，由航空运输企业依法自主制定。新增的3家以上（含3家）共飞航线目录附后。

二、航空运输企业应按照《民用航空国内运输市场价格行为规则》的有关规定，合理确定实行市场调节价的国内运价的调整范围、频次和幅度，确保航空运输市场平稳运行。

三、航空运输企业和销售代理企业应严格遵守《价格法》、《民用航空法》的有关规定，及时、准确、全面地向社会公布实际执行的各种运价种类、水平和适用条件，并同时通过航空价格信息系统抄报中国民用航空局。

四、民用航空主管部门要进一步加强对国内运价的监督，将价格违法违规行为记入信用记录，并依据《民航行业信用管理办法（试行）》实施惩戒。

本通知自2020年12月1日起实行。

中国民用航空局　国家发展和改革委员会

2020年11月23日

【简析】

例文民航局和国家发改委根据《中共中央　国务院关于推进价格机制改革的若干意见》

(中发〔2015〕28号)有关要求,对国内航线运输价格改革工作作出的进一步指示,属于指示性通知。标题采用“发文机关+事由+文种”的形式。例文的第一段为正文的开头,主要写明了发布通知的目的和依据,并以“现就有关事项通知如下”过渡到正文主体。指示性通知具有指导性,还有一定的约束力,因此用语比较坚定有力,常用“应”“要”“必须”等词语。例文采用分条列项的形式,将各类受文主体应当遵照执行的要求一一列明;例文最后以“本通知自2020年12月1日起实行”结尾,这是指示性通知常用的说明式结尾。例文依据充分,表意清楚,措施明确,有效地发挥了指导工作的作用。

【范例11】

关于召开2024年全国民航工作会议的通知

民航各地区管理局,各运输(通用)航空、服务保障公司,各机场公司,局属各单位:

现就召开2024年全国民航工作会议有关事项通知如下:

一、会议时间

2024年1月4日至5日上午,会期1天半。

二、会议地点

北京首都国际机场希尔顿酒店。

三、参会人员

会议将汇集交通运输部高层领导,包括中央纪委国家监委驻交通运输部纪检监察组负责人、中国民航局负责人、总工程师及安全总监。此外,还将有来自民航各地区管理局的党政主要负责人,西藏区局局长,以及各监管局的主要负责人参加。空管局及其地区分局的党政领导也将出席。参会者还包括各大运输航空公司及其股份公司和子公司的主要负责人,部分通用航空公司、机场公司和服务保障公司的代表,以及航空器制造企业的关键人物。此外,局属企事业单位的党政主要领导、局机关各部门负责人、驻国际民航组织理事会代表处负责人,以及部分行业协会的主要负责人也将参与此次重要会议(具体名额分配详情见附件1)。

四、其他事项

(一)参会人员报到时间为1月3日(星期三)14:00—22:00,地点为北京首都国际机场×××酒店一层大厅。

(二)参会人员一律不带随员。

(三)西藏区局、各监管局(运行办)参会人员名单由各地区管理局报送;航空运输企业的股份公司、子公司参会人员名单由集团公司报送;机场参会人员名单由集团公司报送;驻国际民航组织代表处参会人员名单由国际司报送;各地区空管局参会人员名单由空管局报送。

（四）请各单位按通知确定的名额填写《报名回执》（附件2）；如参会人员需接送站，请填写《抵离信息》（附件3）。请各单位于12月29日16:00前将有关信息发至邮箱×××××××@163.com（联系电话：010-××××××××、××××××××，传真：010-××××××××）。

（五）参会人员报到前若有发热（超过37.3℃）、乏力、咳嗽、咳痰、肌肉关节疼痛、咽喉疼痛、头痛、腹泻、呕吐、嗅觉或味觉减退等症状或处于病毒感染期，原则上不参加本次会议。请参会人员报到后进行新冠病毒抗原自测（报到时发放），检测结果为阴性方可参会。会议期间可不戴口罩。

附件：1.有关单位全程参会人员名额分配（略）

2.报名回执（略）

3.抵离信息（略）

中国民用航空局

2023年12月28日

【简析】

例文是一份事务性通知，由标题、主送机关、正文、落款构成，要素齐全、格式规范。例文正文开门见山，用“现就召开2024年全国民航工作会议有关事项通知如下”一句话写明发布该通知的目的。后用分条列项的形式，分别交代了会议时间、地点、参会人员和其他事项，把与召开会议相关的事项说明得周密具体。

思考题：

1.判断正误

（1）在党政机关公文中，使用范围最广、频率最高的文种是通知。（　　）

（2）为了简洁和规范，批转性通知、转发性通知的标题中，不可使用任何标点符号。（　　）

（3）如果一份任免通知中，既有任命又有免职，应当先写任命，再写免职。（　　）

（4）如果一份通知，转的是上级机关、同级机关或是不相隶属机关的文件，这类通知为批转性通知。（　　）

（5）与通告功能相同，通知也适用于向社会各有关方面公布应当周知和遵守的事项。（　　）

2.常用的通知有哪几类？分别有什么样的用途和功能？

3.批转、转发和印发的区别有哪些？

第九节　通报

通报适用于表彰先进、批评错误、传达重要精神和告知重要情况。通报的运用范围很广，从高层领导机关到基层单位，从企事业单位到临时性机构都可以使用，但强制性的通告必须依法发布，其限定范围不能超过发文机关的权限。

一、通报的特点

（一）典型性

通报所传达的人物、事件或情况都应具有典型性、代表性，而非一般的人、事、情况。

（二）教育性

表彰先进的通报是要弘扬正气、鼓励学习先进，批评错误的通报是要以案为鉴、告诫吸取教训，都是用来教育人们、引起重视。

（三）传达性

通报被上级机关用来传达有关政策、精神、情况等，使下级机关及时了解信息、开展工作。

二、通报的种类

（一）表彰性通报

表彰性通报适用于上级机关表彰先进集体或个人，介绍其先进事迹，推广其典型经验，号召有关单位和人员学习先进。

（二）批评性通报

批评性通报适用于上级机关批评犯有错误的单位或个人，揭露其问题、总结其教训，要求有关单位及人员引以为戒。

(三)传达性通报

传达性通报适用于上级机关向下级机关传达政策、决定、精神、情况等,以使其及时了解信息、积极开展工作。

三、通知与通报的区别

通知与通报都属于告知性的文种,要求有关单位和个人了解内容,都是典型的下行文,但两者在发布内容、用途和制发时间上有较大区别。

(一)发布内容不同

通知侧重提要求,上级机关做出工作安排后,要求下级机关在开展工作中按要求执行或办理。通报侧重介绍情况,通过正面、反面的典型进行教育,或把情况告知有关人员。

(二)功能用途不同

通知主要用于发布规章制度,批转、转发公文,传达下级机关和有关单位需要办理和知晓的事项,有具体的工作意见、办法和要求、时限。通报主要用于表彰先进、批评错误,传达精神,说明情况,着眼于思想和路线方面的教育。

(三)发布时间不同

通知通常会提出具体的要求,需要受文单位遵照执行,具有较强的约束力,一般在事项发生前发布。通报往往是对已经发生过的事项进行分析评价,因此发布在事项发生后。

四、通报的写作

通报一般由标题、正文和结尾构成。

(一)标题

通报的标题可以是“三项式”标题,即“发文机关+事由+文种”,也可以是“两项式”标题,即“事由+文种”。

(二)正文

不同类型的通报写法和内容有较大的差别。

1. 表彰性通报

首先，写明表彰缘由，主要包括先进事迹的介绍和简要评价。

其次，写明表彰决定，主要是给予被表彰对象何种奖励。

最后，发出希望号召，这是表彰性通报的出发点和落脚点，旨在宣传先进、学习先进。

2. 批评性通报

首先，交代批评对象的错误事实，主要包括批评对象的基本情况、错误事实、严重后果等。

其次，分析错误性质和危害，是对错误事实的深入分析，主要说明批评对象违反了哪些规定，属于哪种性质的错误，造成了何种影响，产生了什么危害。

再次，写明处理决定，情节较轻的一般给予“通报批评”，情节较重的会依法依规给予相应处分。

最后，提出普遍要求，这是发布批评性通报的主要目的，旨在引起下级机关和相关人员的关注和重视，以案为鉴、反躬自省。

3. 传达性通报

首先，是对通报内容基本情况的介绍，有的通报还要写明缘由或依据。

其次，写明通报内容的具体情况，有的通报会介绍好的做法、总结错误经验。

最后，提出希望和要求。

（三）结尾

结尾即通报的落款，包括发文机关和日期。

五、例文典范

【范例12】

关于授予海南航空控股股份有限公司

“飞行安全钻石一星奖”的通报

民航各地区管理局，各运输（通用）航空公司、机场公司、服务保障公司，空管局、运行监控中心、民航大学、飞行学院、校验中心、适航审定中心：

截至2024年2月，海南航空控股股份有限公司已实现连续安全飞行1000万小时。根据《中国民用航空安全奖励办法》，民航局决定授予海南航空控股股份有限公司“飞行安全钻石一星奖”。

安全是民航业的生命线，是民航的头等大事，高水平安全是高质量发展的前提和基础。希望海南航空控股股份有限公司牢固树立安全发展理念，始终坚持人民至上、生命至上，坚持安全第一、预防为主，保持忧患意识，坚持底线思维，戒骄戒躁、再接再厉，严格落实安全主体责任，持续加强安全管理体系建设，不断夯实安全根基，不断提高安全管理水平，创造更好的安全业绩。

全行业要深入学习贯彻党的二十大精神，持续深入贯彻落实习近平总书记关于安全生产的重要论述和对民航安全工作的重要指示批示精神，坚决贯彻总体国家安全观，树牢安全发展理念，始终坚持安全第一不动摇，不断增强系统观念、问题导向和结果导向，建立健全风险分级防控和隐患排查治理双重预防机制，坚持安全隐患零容忍，“一个航班一个航班地盯、一个环节一个环节地抓”，持续夯实安全生产基础，持续推进民航安全治理体系和治理能力现代化，促进民航安全总体安全水平再上新台阶，为推动民航高质量发展，奋力谱写交通强国建设民航新篇章作出新的更大贡献。

中国民用航空局

2024年4月8日

【简析】

例文是中国民用航空局发布的一份表彰性通报。例文标题由事由和文种组成。正文第一段第一句话介绍了海南航空控股股份有限公司连续安全运行的成果，属于被表彰单位的事迹简介；第二句话阐述了表彰的依据和表彰决定。第二段简述了安全对民航发展的重大意义，并对海南航空控股股份有限公司不断提高安全管理水平、创造更好的安全业绩提出了希望。第三段将希望和号召扩展到全行业。例文虽然简短，但要素完整，语言凝练，有理有据，可以说是表彰性通报的典范。

思考题

1.通知与通报有哪些共同点和不同点？

2.通报共有哪些种类，在写法上有何不同？

3.写作实训。

××××大学×××学院×××专业2024级学生×××多次不假外出、夜不归宿，经辅导员多次教育仍不悔改，2024年5月13—17日在未向所在学院请假的情况下，再一次私自外出，这期间没有参加任何日常教学活动。×××的行为在×××学院造成了恶劣的影响。根据《××××大学学生违纪处分办法》相关规定，经×××学院党政联席会研究，决定给予学生×××记过处分。

请你根据上述情况，撰写一份批评性通报。要求格式要素完备，警示教育意义深刻。

第十节　报告

报告是一种陈述性上行文，各级党政机关、企事业单位和社会团体都可以使用，适用于下级机关向上级机关汇报工作、反映情况，回复上级机关的询问。

一、报告的特点

（一）陈述性

报告主要用来向上级汇报工作，让上级机关掌握基本情况，因此客观地陈述事实，是报告的特点和基本要求。

（二）单向性

报告的主要功能是让上级机关了解情况，因此不需要受文的上级机关进行批复，是下级机关向上级机关的单项行文。

（三）已然性

多数报告所汇报的事项和内容为工作完成或事项发生后的总结，也有工作推进过程中的阶段性报告。不论是事后报告还是事中报告，事项已然发生。

二、报告的种类

（一）工作报告

工作报告适用于定期或不定期向上级机关汇报本单位工作，主要包括一个阶段的工作情况和下一阶段的工作部署。

（二）情况报告

情况报告适用于向上级机关反映个别事项、临时性情况或事故。

(三)报送报告

报送报告适用于向上级机关报送有关材料或物件。

(四)回复报告

回复报告适用于回复上级机关询问的事项。

三、报告的写作

报告一般由标题、主送机关、正文和结尾组成。

(一)标题

报告的标题与其他党政机关公文结构相似,常用“三项式”,即发文机关+事由+文种,或“两项式”,即事由+文种。

(二)主送机关

报告有明确的行文方向,一般不能省略主送机关。需要注意,报告一般不可越级行文。

(三)正文

不同类型的报告,在写法上各有不同,需要特别注意。

1.工作报告

首先,要交代报送报告的缘由(例行工作要求或上级机关特别要求),也可以概括一个阶段工作的基本情况。

其次,要写明一个阶段工作的进展情况,包括主要做法、取得的成效等。

最后,可以总结工作开展中存在的问题、今后努力的方向、下一步工作打算等。

2.情况报告

首先,简要说明事件的基本情况,包括发生的时间、地点、经过、结果等。

其次,要分析事件发生的原因,总结经验教训。

最后,要提出处理事件的具体措施和防范类似事件发生的办法。

3.报送报告

报送报告只要把报送的材料、物件的名称和数量说明即可。

4.回复报告

首先,要说明上级机关提出的问题,必要时应写明上级机关下发的文件名称。

其次,要答其所问,严格按照上级机关的询问,逐条逐项回复。

(四)结尾

结尾即报告的落款,包括报告人和日期。

四、例文典范

【范例13】

××航空有限公司××××"×·24"
特别重大飞机坠毁事故调查报告

在20××年×月××日21时38分,××航空有限公司的一架××机型B××××号飞机,在执行从×××至×××的定期客运航班任务时,在××省××市的××机场进近着陆过程中不幸失事。此次事故导致机上××人遇难、××人受伤,并造成了直接经济损失达××万元。

事故发生后,党中央和国务院给予了高度重视。×××总书记与×××总理立即作出重要指示,强调要全力以赴救治伤员,妥善处理善后事宜,迅速查明事故原因,并要求在全国民航系统内开展全面的安全大检查,以彻底消除安全隐患,确保航空安全。

根据指示,×××副总理迅速带领交通运输部、国家安全监管总局、公安部、卫生部以及民航局等相关部委负责人连夜赶往事故现场,亲自指导抢险救援、善后处理及事故调查工作。同时,××省省委和省政府的主要领导也第一时间率领省级相关部门到达现场,共同参与并协调救援行动及后续处置工作,力求将影响降到最低。这一系列快速而有力的响应措施体现了国家对于保障人民生命财产安全的坚定决心。

根据《生产安全事故报告和调查处理条例》(国务院令第493号)等有关法律法规,经国务院批准,2010年8月27日,成立了由时任国家安全监管总局副局长×××任组长的国务院××航空有限公司"×·24"特别重大飞机坠毁事故调查组。该调查组成员包括国家安全监管总局、公安部、监察部、国资委、民航局、全国总工会以及×××省人民政府及其相关部门的负责同志。事故调查组的成立旨在全面、深入地开展事故调查工作,查明事故原因,明确责任,提出整改措施,以防止类似事故再次发生。这一举措体现了国家对安全生产的高度重视和对人民群众生命财产安全的坚定承诺。通过多部门联合参与,确保了调查工作的权威性和公正性,为后续的事故处理和预防提供了坚实的保障。

事故调查组通过现场勘查、技术鉴定、调查取证、综合分析和专家组论证,查明了事故发生的经过、直接原因和间接原因、人员伤亡和财产损失情况,认定了事故性质和责任，提出了对有关责任人员和责任单位的处理建议，并提出了事故防范和隐患整改措施建议。现将有关情况报告如下：

一、基本情况

（一）航空器情况。

××机型B×××号飞机由××航空工业公司制造，20××年××月10日出厂，于20××年××月4日获得中国民用航空局（以下简称民航局）颁发的适航证。飞机客舱为公务舱和经济舱两舱布局，公务舱×个座位，经济舱××个座位。飞机安装了两台由美国通用电气公司制造的发动机。至事发当日，飞机总飞行时间5××××小时，总飞行起落次数4×××次。

该飞机处于适航状态，当日飞行过程中没有故障，飞机各系统及发动机工作正常，燃油品质合格，实际起飞重量和实际重心在许可范围内。当日航班飞机上共有××人，其中机组×人，旅客××人，所有人员均正常接受安全检查，无免检旅客，随身行李和托运行李未发现漏检和携带危险品情况。

（二）机组情况。

（略）

（三）有关航空公司情况。

（略）

（四）机场及当日气象情况。

（略）

（五）航线审批情况。

（略）

（六）有关民航管理机构情况。

（略）

二、事故发生经过及应急处置情况

（一）事故发生经过。

（略）

飞机失事时间为20××年××月24日××时××分××秒，失事地点位于××省××机场××号跑道入口外跑道延长线上×××米处。失事点坐标：北纬××°××′××″，东经××°××′××″。

（二）事故应急处置情况。

（略）

三、事故原因和性质

（一）直接原因。

（略）

（二）间接原因。

（略）

（三）事故性质。

经调查认定，××航空有限公司×××“×·24”特别重大飞机坠毁事故是一起责任事故。

四、对事故有关责任人员及单位的处理建议

（一）对有关责任人员的处理建议。

（略）

（二）对有关责任单位的处理建议。

（略）

五、事故防范措施建议

（一）切实落实航空企业安全生产主体责任。

（略）

（二）加强飞行人员管理和机组资源管理。

（略）

（三）提高客舱乘务员应急处置能力。

（略）

（四）加大对航空企业安全生产的行政监管力度。

（略）

（五）健全法规标准，完善管理制度，提高管理效能。

（略）

国务院××航空有限公司××“××·24”
特别重大飞机坠毁事故调查组
20××年××月××日

【简析】

例文是一份事故调查报告，属于情况报告的一种。例文开头简要概括了事故的基本情况以及救援、善后和调查情况，并用“现将有关情况报告如下”引出调查报告的主体。例文主体主要分为五个部分：一是事故航班各相关方面的情况介绍，二是事故经过及应急处置的具体情况，三是事故发生的原因分析，四是对事故有关责任人员及单位的处理建议，最后是意见建议。航空事故涉及方面多、情况复杂、影响较大，因此航空事故调查报告相较于其他事故调查报告，内容要求更细，技术要求更高，但概括起来还是按照“基本情况+原因分析+经验教训+意见建议”的结构撰写。

【范例14】

××××公司关于报送××航季登记航线正班计划的报告

民航××地区管理局：

依据《中国民用航空国内航线经营许可规定》(CCAR-289TR-R1)相关规定，现将我公司××××航季登记航线航班计划报送贵局。

特此报告。

附件：×××

××××公司

××××年××月××日

【简析】

例文是××××公司向民航××地区管理局上报的一份航线正班计划报告。报告主体虽然仅有一段文字，但包含了报告依据和需要报送的材料名称等全部要素，并用附件的形式将报送材料的具体内容附在正文以后。例文开门见山，语言简练，毫无赘述，是报送性报告的常用写法。

思考题

1. 党政机关常用的报告有哪几类？分别适用于哪些场景？

2. 简述情况报告的写作要求。

3. 写作实训。

新学期开学之际，校园周边的很多商家向学生兜售床上用品、学习桌、钢笔、笔记本等。通过对比电商平台同类商品的价格，你发现校园周边商家出售的商品价格普遍较高，有的价格甚至高出数倍。部分购买了床上用品的同学发现，部分商品特别是被褥是“三无”产品，并且有异味较大、缝制粗糙等问题，给同学们造成了一定的经济损失和生活上的不便。

请你以此为背景，向自己所在的院系写一份报告，反映校园周边商家的不法行为，并希望学校能够协调地方工商和市场管理部门加大对校园周边商业经营的查处和管理力度，为同学们营造一个安全、便利的学习生活环境。

第十一节　请示

请示是下级机关向上级机关请求对某项工作、某个问题作出指示，对某个事项予以审核批准时使用的公文。需要注意，请示必须具备以下三个条件：(1)行文方向必须是下级机关向上级机关行文；(2)请示的事项和问题，必须是下级机关无权处理或决定的；(3)请示的目的是请求上级机关批准、指示。

一、请示的特点

(一)事前行文

请示应在问题发生或处理前行文，绝不允许“先斩后奏”。

(二)一文一事

为了便于上级机关研究问题、作出批复，请示行文必须一文一事，即每个请示只能要求上级机关批复一个事项，解决一个问题，切不可“一文多请”，“打包”上报。

(三)请批对应

也就是一请示，一批复。下级机关就有关问题和事项发出的请示，上级机关应及时批复。

二、请示的种类

(一)请求指示的请示

请求指示的请示一般适用于下级机关请求上级机关对某项政策规定作出明确解释，对变通处理的问题作出审查认定，对如何处理新情况、新问题或突发事件作出明确指示等。如《国务院关税税则委员会关于新修订的〈中华人民共和国进出口关税条例〉有关解释权限的请示》。

(二)请求批准的请示

请求批准的请示一般适用于下级机关对某些具体事项,向上级机关请求批准的请示,主要目的是解决实际困难和具体问题。如《关于简化购买国内飞机票手续问题的请示》。

三、请示与报告的区别

(一)行文目的不同

请求的目的是得到上级机关的审核、批准,必须要求上级机关及时给予批复;报告的目的是让上级机关了解掌握情况,或者提出意见、建议,无须上级机关批准。

(二)内容要求不同

请求必须一文一事,并只写一个主送机关,便于上级机关及时审批;报告可以是一文一事,作专题性报告,也可以是一文数事,作综合性报告。

(三)行文时间不同

请求必须在事前行文,所请求的内容是还没有得到解决的事情,不可以先斩后奏;报告行文时间一般在事中或事后。

(四)处理方式不同

请示只有一个主送机关,上级机关收到请示后,必须及时给予批复;报告可以主送一个或多个上级机关,收到报告后,主要是了解情况,可以不必批复。

四、请示的写作

请示由标题、主送机关、正文和结尾组成。

(一)标题

与常见的其他党政机关公文相似,请示的标题一般使用“三项式”或“两项式”。

(二)主送机关

请示必须标明主送机关,且只能写一个。这样做是为了避免多头请示,上级机关意

见出现不统一，给工作的正常开展造成不便。

（三）正文

请示的正文一般包括开头、主体和结语三个部分。

1. 开头

开头部分主要写明请示的背景，包括请示的原因、目的、必要性等，用来回答“为什么请示”的问题。

2. 主体

主体是请示的核心部分，要写明请示的问题或需要批准的事项，用来回答“请示什么”的问题。

3. 结语

结语在主体末尾，一般会另起一行，写明“妥否，请批示”“特此请示，望批复”“以上意见如无不妥，请批准”等。

（四）结尾

结尾即请示的落款，需要写明发文机关的名称和发文日期。

五、例文典范

【范例15】

××公司关于调整××航季正班计划的请示

民航××地区管理局：

依据《中国民用航空国内航线经营许可规定》(CCAR-289TR-R1)，具体航班计划如下：

原：航班号××机型××班期调整为：航班号××机型××班期。

以上正班执行日期：20××年××月××日至20××年××月××日

××公司

20××年××月××日

【简析】

例文是一份请求批准的请示，适用于航空公司向民航地区管理局申请调整航班计划。例文非常简洁，开门见山说明发出请示的依据，随后就写明请示事项，毫不拖泥带水。我们在撰写公文时，也应有“惜字如金”的意识，做到语言简练、表意明确。

思考题

1.判断正误

(1)请示和报告均为下级呈报上级的文件,在行文中报告中可以夹带请示事项,请示也可以夹带报告事项。 ( )

(2)请示和报告一般都只主送下级单位的直接领导机关。 ( )

(3)为了精文简会,给基层单位减负,提倡下级单位将多个请示事项综合在一起,用一份请示呈报上级单位,请求批复。 ( )

(4)为了尽快获得上级机关的批复,提高工作效率,下级机关可以在结束语中添加批复时限,如“所请事关重大,务必在10日内批复”。 ( )

(5)某些事项涉及多个上级主管单位,为了让所有主管单位都知晓了解请示事项,提倡将所有涉及的上级单位列为主送单位,一并发送。 ( )

2.简述报告与请示的异同。

3.写作实训。

××××大学最新印发的《××××大学“第二课堂成绩单”管理实施细则》中对“第二课堂”成绩的认定范围和标准过于原则化,各二级学院在执行过程中遇到了“第二课堂”活动认定标准不统一、成绩计算混乱等问题,给正常教学和培养活动造成了一定混乱。

请你以此为背景,以××××大学××学院的名义向学校写一份请示,请求学校相关职能部门对活动认定和成绩计算标准进行解释和说明。

第十二节　批复

批复是上级机关答复下级机关请示时使用的公文,是与请示相配合的下行文。有请才有复,有请必有复。先有下级机关的请示,才有上级机关的批复。

一、批复的特点

（一）被动性

批复是以下级机关的请示为前提，专门用于答复下级机关请示事项的公文。先有上报的请示，后有下发的批复，一来一往，被动行文。

（二）权威性

批复是上级机关的结论性意见，代表着上级机关的权力和意志，下级机关对上级机关的批复必须认真贯彻执行，不得违背。

（三）针对性

批复是对下级机关的请示事项作答复，下级机关请示什么事项，内容上就必须对请示事项作出答复。无论是同意、不同意或部分同意，都应围绕请示事项，不得改换主题。

二、批复的种类

（一）指示性批复

指示性批复对应请求指示的请示，适用于对下级机关的某项工作提出带有指导性、指挥性的意见。如《国务院关于〈中新天津生态城建设国家绿色发展示范区实施方案（2024—2035年）〉的批复》。

（二）批准性批复

批准性批复对应请求批准的请示，适用于对下级机关的请示表明同意或不同意的态度。如《关于同意征收燃油附加费的批复》。

三、批复的写作

批复一般由标题、主送机关、正文和结尾组成。

（一）标题

批复的标题一般使用“三项式”或“两项式”。如果是肯定的批复，一般会在“事由”前加“同意”以表明态度。

(二)主送机关

批复必须标明主送机关,即原请示的发文机关。若确实需要,也可将批复事项涉及的其他单位增列为批复的主送单位,一并执行批复事项。

(三)正文

正文是批复的核心,一般由开头、主体和结语三个部分组成。

1. 开头

开头主要写发出批复的原因和事由。一般会在开头处点明下级机关的请示已收悉。

2. 主体

主体针对请示事项给予明确的答复和指示,表明同意或不同意;若下级机关请示事项较多,则要对请示事项一一回应。

3. 结语

一般,上级机关通常会对下级机关执行批复提出具体的意见、希望和要求,并用“此复”“特此批复”“此复,望执行”等结语结尾。

(四)结尾

结尾即批复的落款,需要写明发文机关名称和发文日期。

四、例文典范

【范例 16】

关于郑州机场航空电子货运项目试点的批复

河南省机场集团有限公司:

你单位关于申报郑州新郑国际机场航空电子货运工作试点的请示收悉。为贯彻落实党中央、国务院关于促进物流业发展的有关部署要求,构建高效、绿色、安全、可控的航空物流服务体系,全面推进郑州国际航空货运枢纽建设,经研究,同意你单位的申请,具体批复如下:

一、同意你单位按照《郑州新郑国际机场航空电子货运试点工作实施方案》(附件 1),自 2020 年 5 月 8 日起,在郑州新郑国际机场实施航空电子货运试点项目,试点期限为 2 年。

二、按照《民航局关于促进航空物流业发展的指导意见》(民航发〔2018〕48号)要求，推进航空货运电子单证、业务流程和数据交换的试行标准。对接国际贸易“单一窗口”，促进空陆、空铁多式联运，实现部门之间、不同运输方式之间的标准融合、信息联通、效率提升。

三、通过先行先试，将机场电子货运信息平台、智慧安检信息系统与民航局行业级航空物流公共信息服务平台建设项目有机融合，一体推进标准制定、流程优化和信息联通。

四、加强组织领导，建立与地方政府、口岸管理部门、在飞中外航空公司之间的工作专班，充分发挥货运专家组的作用，共同推进试点项目实施。

五、严格遵守现行法律和规章标准，确保安全运行。试点中如经评估需要对相关法规实施偏离或豁免，请你单位向民航中南地区管理局提出申请，完成必要的法律程序后实施。

请民航中南地区管理局、河南监管局结合各自职责，积极支持、指导试点工作，落实试点单位主体责任，明确阶段性目标，根据实际需要及时调整完善试点方案。对标对表，压茬推进。根据《郑州新郑国际机场航空电子货运试点工作推进计划》(附件2)，每季度对试点进展情况进行总结，形成阶段性评估报告报送民航局。

附件1和附件2在民航局官网信息公开栏发布。

民航局

2020年5月6日

【简析】

例文是民航局针对河南省机场集团有限公司请示的批复，是一份批准性批复。标题采用“两项式”的结构，并写明了“同意”两字。例文直截了当，写明河南省机场集团有限公司的请示收悉，并用“具体批复如下”引出批复内容，没有任何冗余的表述。第二段针对河南省机场集团有限公司请示的事项，作出了肯定的答复，明确了批复事项生效的时间，并在后面几段对试点项目的执行提出了要求和希望。例文语言简练，结构完整，表意清楚，是批准性批复的典范。

思考题

1.单项选择

(1)批复是用于答复下级机关请示事项的(　　)。

A.上行文　　B.平行文　　C.下行文　　D.泛行文

(2)批复的特点不包括以下哪一个?(　　)

A.权威性　　B.被动性　　C.针对性　　D.指挥性

(3)下列哪一个不是批复常用的结语?(　　)

A.特此批复　　B.此复　　C.此复,望周知　D.不写结语

2.简述批复的写法。

第十三节　函

函是不相隶属机关之间商洽工作、询问和答复问题,请求批准和答复审批事项时所使用的公文,是一种平行文。

一、函的特点

(一)沟通性

大多数党政机关公文的发文单位和受文单位的关系相对固定。而函适用于不相隶属的、没有领导与指导关系的机关、部门和单位之间商洽工作、询问和答复问题,有着较强的沟通作用。

(二)广泛性

函既可用于不相隶属机关或单位相互商洽工作、询问、答复问题,又可以用于向平级的业务主管部门请求批准事项,还可用于业务主管部门答复审批事项,使用频率和范围较高。

(三)单一性

函的内容一般围绕一个主题,即一函一事,行文内容具有单一性的特点。

二、函的种类

(一)知照性函

知照性函适用于告知或通知不相隶属机关某一事项或某一活动的函,这类函一般不

需要受文机关答复。如《关于开展海南省2024年中小企业服务月活动的函》。

（二）商洽性函

商洽性函适用于不相隶属机关之间相互协商或联系工作，比如商调人员，联系工作，处理有关业务性、事务性事项等。如《交通运输部水运局关于开展2024年沿海省际危险品船运输市场新增运力需求情况书面调研的函》。

（三）询问性函

询问性函适用于不相隶属机关之间就特定事项和工作询问和答复问题。如《关于征求〈升船机设计规范〉制定（征求意见稿）意见的函》。

（四）请批性函

请批性函适用于不相隶属机关之间请求批准和答复审批事项的公文。通常是向无隶属关系的业务主管部门行文，目的是请求批准某一事项。如《陕西省人民政府办公厅关于陕西省临潼疗养院增挂陕西省临潼康复医院名称的函》。

三、函的写作

函由标题、主送机关、正文和结尾组成。

（一）标题

函的标题常用“三项式”或“两项式”的结构。若函为复函，则需在标题文种前加标“复”字。

（二）主送机关

函的主送机关通常为单一的直接相关机关。特殊情况下（如涉及多部门协作）可并列多个主送机关。

（三）正文

1.发函

首先，要写明发函的背景，一般包括原因、依据、目的等。

其次，要写明去函的事项，这是发函的核心，应明确表述去函的意图。

最后，是结语，一般是向受文单位提出希望或要求。

2. 复函

首先，要写明复函的背景，要点明对哪份文件已经答复。

其次，要写明复函的内容，要根据来函内容有针对性地“一问一答”。

最后，是结语，一般使用“特此函复”“特此函告”“此复”等。

（四）结尾

结尾即函的落款，包括发文机关名称和发文日期。

四、例文典范

【范例17】

关于征集《航班备降工作规则》修订意见的函

民航各地区管理局，各运输航空公司，各运输机场公司，空管局、运行监控中心：

现行《航班备降工作规则》（民航规〔2020〕7号）发布四年来，进一步提升了机场航班备降工作的规范性和科学性，有效保障了飞行安全和航班运行。为更好适应行业发展需要发展需求，机场司拟组织对《航班备降工作规则》（以下简称《规则》）进行立法后评估并同步开展及修订工作，现公开征集有关意见。请各相关单位认真研究，梳理备降工作《规则》在执行过程中遇到的问题、困难及相关工作建议，并于7月12日前将加盖公章的修订意见表（见附件）反馈至××××××@caac.gov.cn。

民航局机场司

2024年6月28日

【简析】

例文是一份询问函。标题采用了“两项式”的结构，“征集”两字直观地表达了发函的目的。正文开头简要说明了修订的背景和目的，接着提出询问事项的内容，并给出了反馈意见的具体方式和截止日期。例文结构清晰，内容具体，格式规范，用语准确，有效地传达了征集意见的信息和要求。例文要素完整，格式规范，用语简洁，表意清楚。

思考题

1. 函的特点有哪些？

2. 请批函与请求批准的请示有何异同？

3. 写作实训。

近期，校学生会将举办“××××大学大学生文化艺术节”。你所在的宣传部负责整个艺术节的氛围营造、宣传报道。艺术节活动种类和数量较多，且部分活动在同一时段举行，需要多名大学生记者跟拍报道。请你按照函的格式和内容要求，以校学生会宣传部的名义向校学生会其他部门发函，借调有摄影和报道特长、经验的学生。

第十四节　纪要

纪要即会议纪要，是用于记载、传达会议情况和议定事项的公文。党政机关、企事业单位和社会团体都可使用、发布。

一、纪要的特点

（一）纪实性

纪要是会议宗旨、基本精神和议定事项的概要纪实，不能随意增减、更改会议内容。

（二）概括性

纪要必须用极为简洁精练的文字，高度概括会议内容和结论，不可拉拉杂杂地将会议所有人的所有表述都事无巨细地全部呈现。

二、记录与纪要的区别

（一）性质不同

会议记录是会议情况的记录，是原始材料，不是公文，一般不公开发布，也无需传达、传阅。会议纪要是党政机关公文的正式文种之一，通常需要在一定范围内传达或传阅，有的还要贯彻执行。

（二）作用不同

会议记录不具备指导工作的作用，一般不向上级报送或向下级分发，只作档案资料保存。会议纪要经过严格的公文制发流程后，可以作为正式公文印发，由相关单位贯彻执行，具有指导作用。

（三）写法不同

会议记录作为纪实材料，要求原原本本地记录会议原意，且必须随着会议进程进行，越详细越好。会议纪要则有选择性、提要性，不一定要包含会议的所有内容，而且必须在会议结束后，在会议记录的基础上整理形成，它集中反映了会议的精神实质，具有高度的概括性和鲜明的政策性。

三、纪要的写作

纪要一般由标题、正文和结尾组成。

（一）标题

纪要的标题一般有两种形式：一是“会议名称+纪要”，如《全国拥军优属拥政爱民工作会议纪要》；二是把会议的主题在标题中体现出来，如《关于加强土地统一管理的会议纪要》。

（二）正文

纪要正文一般由开头、主体组成。

1. 开头

纪要的开头主要包括会议召开的依据和目的，会议的时间、地点、名称、与会人员、主持者，会议的议题或解决什么问题。通常纪要的开头会用“现纪要如下”“纪要如下”。

2. 主体

主体是纪要的核心部分，主要包括：(1)会议研究、讨论的问题或事项；(2)会议各项议程的进行情况和结果；(3)会议的决定，以及贯彻会议精神所应采取的措施、计划等。有些简单的、小型的会议，可以不写议程进行情况，只写决议事项。

（三）结尾

纪要的结尾一般用来提出号召和希望。

四、例文典范

【范例18】

中国民用机场协会第二届监事会第四次会议纪要

2023年12月26日，中国民用机场协会召开第二届监事会第四次会议。会议采取线上视频方式进行，应到监事5人，实到5人，出席监事人数超过监事总数的三分之二，符合《中国民用机场协会章程》规定。会议由刘某晨监事长主持，纪要如下：

一、会议审议了机场协会2023年工作总结和2024年工作计划。一致认为，2023年，机场协会面对疫情防控和恢复发展面临的许多挑战，认真落实上级有关部门工作部署，勇于担当，积极进取，主动作为，创新服务，在全体会员的关心支持下，各项工作取得较好的成绩。建议明年工作以习近平新时代中国特色社会主义思想为指导，以聚焦行业问题为导向，以服务高质量发展专项行动为主线，不断巩固主题教育活动成果，积极践行“四个服务”职能，实施创新驱动，增强核心能力，为机场纾困和恢复发展出主意、办实事，为四型机场建设和行业高质量发展营造良好环境。

二、会议审议了机场协会2023年财务执行情况和2024年预算报告。一致认为，机场协会在国家经济形势不乐观、行业恢复发展困难多的情况下，会员缴纳会费好于预期；采取指标分解、签署部门经济指标责任书等激励方式，扩大服务性收入，使年度总收入、年度总支出均多于预算数，且年度收入预算增长率高于年度支出预算增长率，管理费用支出数与年度预算数基本相符，值得肯定。2024年预算总收入3285万元，预计成本费用支出3065万元，预计收支差220万元，基本符合发展实际。希望进一步加强财务内部管控，严格执行财务制度，在增收节支上多下功夫；在扩大基本服务的同时，根据会员需求拓展增值服务，增强抵御风险的能力。

三、会议强调，监事会作为会员代表大会的监督机构，肩负着对理事会、常务理事会成员执行会员代表大会决议的监督职责。2024年监事会要根据上级机关有关精神和理事会确定的工作计划，以习近平新时代中国特色社会主义思想为指导，在发挥监事会作用上重点抓好以下工作：一是提升政治站位，认真履职尽责，加强协会主题教育检视问题整改工作监督，促进机场协会建章立制、规范发展。二是加强会费监管，督促协会将会费使用更好地体现在服务会员、促进发展上，协会通过问题整改、建章立制、规范管理，促进财务管理制度化、规范化、科学化。三是走出去学习借鉴相关单位监督经验、监督方式，走访部分会员单位听取意见，坚持问题导向，督促协会提升服务会员能力，把工作做实做好，为机场行业高质量发展做出更大贡献。

会议主持:×××

参会人员:×××、×××、×××、×××

列席人员:×××、×××、×××

会议记录:×××

【简析】

例文的标题采用了“会议名称+纪要”的形式。第一段是正文的开头,写明了会议的时间、会议主持人和参会人员。纪要主体采用条目式将会议的主要内容概括为三点,并对工作开展提出了要求,这是纪要的常用做法。最后,例文附上了与会的所有人员。例文结构完整,格式规范,语言简练,表意清楚。

思考题

1. 会议纪要的作用是什么?

2. 会议纪要的主要特点有哪些?

3. 会议记录和会议纪要有哪些异同?

第十五节 议案

议案适用于各级人民政府按照法律程序向同级人民代表大会或人民代表大会常务委员会提请审议事项。

一、议案的特点

(一)制发机关法定性

根据《中华人民共和国宪法》与《中华人民共和国全国人民代表大会组织法》等相关法律的规定,议案的提出需遵循严格的主体资格要求,并且只能由同级人民代表大会或其常务委员会受理。享有提案权的主体主要分为两大类:第一类是特定的法定机构,包括但不限于各级人大主席团、人大常委会、人大各专门委员会以及本级人民政府。在国家层面,中央军委、最高人民法院及最高人民检察院同样具备提案权。此外,全国人大常

委会委员长会议和县级以上地方人大常委会主任会议也拥有提案权。这些机构作为国家权力的重要组成部分，承担着推动立法进程和政策制定的责任。第二类是人大代表们，他们可以个人名义或是联名形式提交议案。这种制度设计不仅保障了代表们的参与权，还鼓励他们积极反映人民群众的意见和诉求，促进民主决策的广泛性和代表性。这些规定不仅确保了议案提出的合法性与程序性，也为国家立法过程中的科学决策提供了坚实的基础与制度保障。通过严格的程序和多层次的审查机制，议案的质量得以保证，从而提高了立法的科学性和有效性。这一体系体现了我国民主政治体系下权力运行的规范性和严谨性，确保了立法活动的透明度和公正性。总之，议案提出制度的设计充分体现了我国法治建设的成熟与完善，为国家治理现代化打下了坚实的法律基础。通过明确的主体资格要求和严格的程序规范，议案制度不仅保障了立法工作的有序进行，还促进了社会各界的广泛参与，增强了公众对国家事务的关注和信心。

（二）行文内容限定性

议案的内容不得超出同级人民代表大会或其常委会的职权范围，必须一文一事，主送机关也只能有一个。此外，议案的内容必须切实可行。

二、议案的写作

议案一般由标题、主送机关、正文和结尾组成。

（一）标题

议案的标题可以使用完整的“三项式”，即发文机关、事由（提请审议的事项）、文种，也可以使用“两项式”，只保留事由和文种两个元素。

（二）主送机关

议案的主送机关是唯一的，即同级人民代表大会或其常委会。

（三）正文

议案的正文由案据、方案和结语组成。

1. 案据

案据即提出议案的依据，一般包括提出议案的背景、原因、必要性、目的、意义等。

2.方案

方案即提请人民代表大会或其常委会审批的内容。

3.结语

议案常用的结语有“现提请×××予以审议”“现提请审议”“请予审议”“请审议”等。

(四)结尾

结尾即落款,由发文机关和首长署名构成。

三、例文典范

【范例19】

梅州市人民政府关于提请审议《梅州市红色文化资源保护条例(草案)》的议案

梅州市人民代表大会常务委员会:

为了加强红色文化资源的保护、管理,传承和弘扬苏区精神,培育和践行社会主义核心价值观,根据《中华人民共和国文物保护法》《中华人民共和国英雄烈士保护法》等法律法规,市政府拟订了《梅州市红色文化资源保护条例(草案)》。该草案已经市政府常务会议讨论通过,现提请审议。

梅州市人民政府

市长:×××

2020年4月28日

梅州市红色文化资源保护条例(草案)(略)

【简析】

例文的标题采用了“三项式”的结构,直接点明需要审议的文件名称。议案首先说明了制定该条例的目的,随后说明了该条例草案的形成过程,最后用“现提请审议”作为结语。例文的正文采用篇段合一的形式,结构完整、要素齐全,语言简练、表意清晰,是议案写作的典范。

思考题

1.议案的特点有哪些?

2.举例说明议案的制发主体有哪些。

>>> >>> 第五章

民航事务性文书写作范例

学习目标

知识目标：掌握民航事务性文书的基本概念、分类和用途，熟悉各类事务性文书的格式、结构和写作技巧，理解事务性文书的语言特点。

能力目标：能够根据实际需要，选择合适的民航事务性文书类型，并在写作中达到格式规范、内容完整、条理清晰的要求。

思政目标：培养学生的职业道德和责任心，使其在写作中遵守行业规范和法律法规，确保文书的真实性和合法性。

思维导图

事务性文书概述

- 事务性文书的含义
- 事务性文书的特点
- 事务性文书的作用
- 事务性文书的写作要求

民航常用会务类文书

- 开幕词
- 闭幕词
- 发言稿

民航常用管理类文书

- 工作计划与工作总结
- 工作方案
- 工作简报
- 调查报告
- 述职报告

民航常用礼仪类文书

- 邀请信
- 感谢信
- 慰问信

民航常用职场应用文书

- 求职信
- 简历
- 志愿书
- 申请书

第一节　事务性文书概述

一、事务性文书的含义

事务性文书是一种在日常工作、学习、生活中广泛使用的实用文体，主要用于处理各种事务性事项，沟通信息、安排工作、总结得失、研究问题等。它是应用文写作的重要组成部分，具有较为广泛的实用性。

事务性文书在各个领域和层面都有广泛的应用。在企业中，事务性文书被用于处理各种管理事务，如计划、总结、报告、通知等。这些文书有助于企业高效地组织生产、经营活动，提高管理水平和经济效益。在政府机构中，事务性文书则用于传达政策、指示、精神等，促进各部门的协调与配合，确保政府工作的顺利进行。

此外，事务性文书在教育、科研、医疗、社会服务等各个领域也发挥着重要作用。例如，在教育领域，教师可以使用事务性文书来制订教学计划、总结教学经验、通知学生信息等；在科研领域，科研人员可以通过事务性文书来申请项目、汇报研究进展、撰写论文等；在医疗领域，医生可以使用事务性文书来记录病人信息、制订治疗方案、开具处方等；在社会服务领域，社会组织可以使用事务性文书来组织活动、传达信息、收集反馈等。

总之，撰写事务性文书是日常工作、学习、生活中不可或缺的一部分。我们要掌握其写作技巧和方法，提高写作能力和工作效率。同时，也应该注重事务性文书的规范和标准化，使其更加符合实际应用需求，为社会的发展和进步作出贡献。

二、事务性文书的特点

（一）作者广泛

与法定公文相比，事务性文书的作者范围更为广泛。除了机关、企事业单位的领导人或代表外，各行各业的群众和个人也可以撰写事务性文书。这种广泛的作者群体使得事务性文书具有更加丰富的内容和多样的风格。

（二）程序简便

与法定公文相比，事务性文书的处理程序相对简便。它不需要经过严格的审批和签发程序，可以根据实际需要直接撰写和使用。这种简便的程序使得事务性文书能够更加快速地反映工作情况和问题。

（三）行文宽泛

事务性文书的行文对象相对宽泛，可以灵活选择行文对象，甚至可以越级行文。这种宽泛的行文方式使得事务性文书能够更加有效地传递信息和沟通工作。

（四）体式灵活

事务性文书没有像法定公文那样严格的体式要求。它的格式、结构、语言等都可以根据实际需要进行灵活调整。这种体式的灵活性使得事务性文书能够更加适应不同的写作需求和阅读需求。

三、事务性文书的作用

事务性文书在企业和事业单位中扮演着至关重要的角色，它们是组织内部以及与外界沟通不可或缺的工具。无论是日常运营、财务管理、人力资源，还是市场营销和客户服务，事务性文书的使用都贯穿其中。

（一）沟通与协调

事务性文书如工作报告、会议纪要和内部通知等，是组织内部管理和沟通的关键。它们确保信息的准确传达，帮助管理层监控进展情况，评估员工绩效，并作出及时的决策。良好的内部沟通能够增强团队协作，提升工作效率。

（二）指导与决策

计划类文书为工作提供了明确的指导和方向，帮助员工了解如何执行任务和达成目标；总结类文书则有助于对过去的工作进行反思和总结，为未来的决策提供参考。

（三）提升组织形象

企事业单位通过商务信函、礼仪文书等应用文与外部世界沟通。这些文书不仅传达了组织的消息和意图，也体现了企业的专业形象和品牌价值。良好的外部交流可以提升

客户满意度，吸引潜在合作伙伴，增强企业的市场竞争力。

（四）支持人力资源管理

求职信、申请书、简历、述职报告等应用文支持人力资源的招聘、培训、评估和管理工作。它们帮助人力资源部门规范招聘流程，明确员工职责和福利政策，提升员工满意度和忠诚度。

四、事务性文书的写作要求

第一，事务性文书必须内容准确、客观。在撰写过程中，应确保所传达的信息真实可靠，不夸大、不缩小事实，避免主观臆断和误导性表述。同时，要使用准确的词汇和术语，避免产生歧义或误解。

第二，事务性文书应结构清晰、条理分明。在写作时，要合理安排段落和层次，使内容条理清晰、逻辑严密。开头应简明扼要地阐述主题和目的，主体部分应详细展开论述，结尾部分则应总结全文，提出结论或建议。

第三，事务性文书的语言应简洁明了、通俗易懂。要避免使用过于复杂或晦涩难懂的词汇和句子，尽量使用简单、直接的表达方式。同时，要注意语言的规范性和正式性，避免使用口语化或随意的表达方式。

第四，事务性文书的格式要规范、美观。不同的文书类型有不同的格式要求，如标题、日期、署名、页码等元素的设置应符合规范。同时，要注意字体的选择、排版的美观以及打印的清晰度等细节问题，以体现文书的正式性和专业性。

第二节　民航常用会务类文书

一、开幕词

（一）开幕词的含义和作用

开幕词是在大型会议启动之际，由主办单位的主要领导人向全体与会代表发表的重要讲话。其核心内容通常包括阐述会议的指导思想、宗旨及其重要意义，并对与会者提出期望和要求，或表达对会议成功举办的美好祝愿。作为大会正式开始的标志，开幕词不仅体现了组织者对会议的高度关注和重视，还明确了会议的方向和目标。其中提出的宗旨成为贯穿整个会议的主导思想，而阐明的目的、任务及具体要求，则为会议的成功举办提供了重要的指导原则，确保所有参与者能够围绕共同的目标展开富有成效的讨论与合作。

（二）开幕词的写法

1. 标题、时间、称谓

开幕词的标题有三种写法。一是由大会名称加文种组成，如《中国共产党第十二次全国代表大会开幕词》。二是由致词人姓名、大会名称、文种组成，如《×××同志在××××大会上的开幕词》。三是在文种名称上有所变通，如《在〈维也纳公约〉缔约方大会第五次会议和〈蒙特利尔议定书〉缔约方大会第十一次会议部长级会议开幕式上的致辞》。

开幕词的时间，加括号标写在标题下方正中位置。

称谓是对与会者的统称。如果是党的会议，称谓就是“同志们”三个字，后加冒号。如果是国际会议，较常见的是“各位嘉宾，女士们，先生们”，后加冒号。

2. 正文

正文可分为开头、主体、结尾三部分。

（1）开头：开头的内容包括以下几项。

①宣布大会开幕。最简单的说法是：“××××大会现在开幕。”

②对大会的规模和参加大会人员的身份进行介绍。有些开幕词可以有这项内容，大致说法是：“参加这次大会的代表有××人，他们分别来自……”

③对大会表示祝贺，对来宾表示欢迎。大致说法是：“我代表 ×××对大会表示衷心的祝贺！对与会的各位代表和来宾表示热烈的欢迎！”

（2）主体：主体是开幕词的核心部分，主要包括以下几个方面的内容。

①阐明会议的重要意义。具体涉及：这次会议是在什么形势下召开的；会议将要讨论解决什么问题；这个问题的现实价值如何；有什么迫切性；会议最终将会达到什么目的等。

②说明会议的主要议程。议程明确的会议，可以将议程直接列项表达。如议程不宜列项，则要对会议将要讨论的主要问题进行阐述。

③向与会者提出希望和要求。例如：“我们一定要兢兢业业地做好自己的工作，加强同全国各族人民的团结，加强同全世界人民的团结，为把我国建设成为现代化的，高度文明、高度民主的社会主义国家，为反对霸权主义，维护世界和平，推进人类进步事业，而努

力奋斗。”

(3)结尾:开幕词一般用祝颂语结束全文,例如:“最后,祝大会取得圆满成功。祝各位在北京愉快。谢谢!”

【范例1】

在2015中国民航发展论坛上的开幕词

(2015年6月24日)

尊敬的各位领导、各位来宾,女士们,先生们,大家早上好!

现在,我宣布2015年中国民航发展论坛开幕!首先,请允许我介绍参加本次论坛的嘉宾,他们是:捷克共和国驻华大使利博尔·塞奇卡先生、印度尼西亚民航局局长苏普罗塞佐先生、吉尔吉斯斯坦交通运输部民航和水运局局长萨塔诺夫先生、蒙古民航局局长额尔德尼毕力格·色愣奇德先生、新加坡财政部兼交通部高级政务部长杨莉明女士、美国运输部助理部长苏珊·克兰德女士、美国联邦航空局副局长迈克尔·惠特克先生、国际民航组织亚太地区办事处主任米什拉先生、欧洲民航会议主席舍费尔斯女士、非洲民航会议主席、加纳民航局局长阿尔哈桑先生、欧盟移动与运输总司航空与国际运输事务司司长拉霍贾先生、中国民用航空局局长李家祥先生、中国民用航空局副局长王志清先生、新疆维吾尔自治区政府常务副主席黄卫先生、广西壮族自治区政府副主席陈刚先生、福建省政府副省长郑晓松先生。

本次论坛,共有来自全球24个国家和地区的400名嘉宾与会。在此,我谨代表论坛组委会向莅临本次论坛的国内外朋友们,一并表示热烈的欢迎和诚挚的谢意!

众所周知,2013年9月,中国国家主席习近平在访问哈萨克斯坦时首次提出构建“丝绸之路经济带”的战略设想。同年10月,习近平主席又在访问印度尼西亚时提出了中国愿同东盟国家加强海上合作,共同建设“21世纪海上丝绸之路”的倡议。在去年11月4日主持召开中央财经领导小组第八次会议时,习近平发表重要讲话强调:“丝绸之路经济带和21世纪海上丝绸之路倡议顺应了时代要求和各国加快发展的愿望,提供了一个包容性巨大的发展平台,具有深厚历史渊源和人文基础,能够把快速发展的中国经济同沿线国家的利益结合起来。”2015年3月28日,中国政府有关部门联合发布了《推动共建丝绸之路经济带和21世纪海上丝绸之路的愿景与行动》,提出“一带一路”建设是一项系统工程,要坚持共商、共建、共享原则,积极推进沿线国家发展合作的相互对接。因此,我们把2015年中国民航发展论坛主题确定为“互联互通:中国民航在“一带一路”倡议中的国际视野”,目的就是紧密围绕中国政府提出的“一带一路”倡议,对“一带一路”倡议下民航业发展的思路进行全方位的探讨,针对新形势下民航业面临的挑战和机遇,以及相应的行动计划展开讨论和交流。

本次论坛邀请到中国民航局李家祥局长发表主旨演讲，整体日程将按照4个专场展开，包括"'一带一路'，共创区域发展新局面"、"互联互通，共绘民航合作新未来"、"创新求变，共商行业发展新思路"、"凝心聚力，共建区域经济新天地"，在两天时间内计划安排48位中外嘉宾发表20场演讲并进行4场讨论会。演讲的嘉宾有来自国内外各个方面的领导和专家，演讲的内容从理论到实践，涵盖了"一带一路"权威解读，区域民航一体化的共识和愿景，互联互通的对策和具体行动计划等方方面面的问题。

为推进实施"一带一路"重大倡议，以新的形式使亚欧非各国联系更加紧密，我们邀请了有关国家和国际组织的代表就合作方式和民航共同关心的重大问题发表演讲和参与讨论。为借鉴北美区域经济一体化框架下的跨境交通规划与建设的经验，我们也邀请了美国运输部和FAA的代表发表演讲。

聚焦"一带一路"倡议，需要地方政府与民航密切合作，需要行业内外协调一致、共谋发展。中国新疆维吾尔自治区、福建省分别是丝绸之路经济带和21世纪海上丝绸之路的核心区，广西壮族自治区是陆上丝绸之路经济带和21世纪海上丝绸之路的交汇区，在"一带一路"倡议中具有引领和示范的重要作用。因此，我们邀请了上述三省、区政府领导和国务院发展研究中心的领导以及学术界代表来展开讨论。

我们相信，本届论坛可以进一步推动全球民航界相互学习借鉴，增进友谊，加强交流与合作，为"一带一路"地区经济发展创造更多机会，为促进中国民航和世界民航的蓬勃发展做出新的贡献。

女士们、先生们，我们已经成功举办了七届中国民航发展论坛，今年是第八届，论坛在国内外、业内外产生了广泛的影响。中国民航发展论坛是中国民航和世界民航合作发展的重要平台。本次论坛的召开，得到了国内外各有关单位的大力支持，借此机会，我代表论坛组委会一并表示诚挚的感谢！

最后，预祝2015中国民航发展论坛圆满成功！

【简析】

本例文首先进行开场问候和介绍嘉宾，然后进行论坛背景与主题阐述，紧接着介绍论坛主要活动，强调演讲嘉宾的权威性和多样性，提及国际合作与交流、地方政府与民航的合作等，最后强调论坛的意义并提出对论坛的展望，同时向国内外各有关单位对论坛的大力支持表示感谢。整体来看，这篇开幕词层次清晰，从开场介绍到论坛背景、内容、意义，再到总结与感谢，逻辑严谨，语言得体，很好地体现了开幕词的应用文写作特点。

二、闭幕词

(一)闭幕词的含义和作用

闭幕词是会议结束时由主要领导向全体代表所作的总结性讲话,通常由与致开幕词领导身份相当或略低的人员发表。闭幕词旨在对会议进行概括性评价和总结,强调大会精神的贯彻落实,并向与会单位提出未来的奋斗目标和期望。一个成功的会议不仅需要隆重的开场,也需要郑重的结尾。闭幕词在确保会议给人留下圆满印象方面发挥着关键作用,它不仅是对会议成果的肯定,也是对未来工作的激励和指引。

(二)闭幕词的写法

1.标题、时间、称谓

闭幕词的标题跟开幕词的写法类似,常见的写法是《××××大会闭幕词》或《×××在××××大会上的闭幕词》。偶尔也有主副标题的写法,将主要内容或主要观点概括成一句话做标题,再用“××大会闭幕词”做副标题。时间在标题之下正中,加括号注明会议闭幕的年月日。称谓一般也跟开幕词相一致。

2.正文

(1)开头:闭幕词的开头,一般要用简洁的语言说明大会经过全体代表的努力,已经胜利完成使命,今天就要闭幕了。

(2)主体:闭幕词的主体主要是对大会进行概括总结,并提出贯彻大会精神的要求和希望。其中概括总结的部分,要列举会议完成的任务和取得的成果,不能过于空泛笼统。提出要求和希望的部分,也要突出会议精神,体现会议宗旨。

(3)结尾:闭幕词的结尾通常比较简单,最常见的说法是:“现在,我宣布,××××大会闭幕。”

【范例2】

2019中国民航发展论坛

中国民用航空局副局长李某致闭幕词

女士们、先生们,朋友们:

大家下午好!

在全体参会嘉宾的共同努力下,为期两天的第十届中国民航发展论坛,圆满完成了各项预定议程,即将闭幕。本届论坛以“智慧民航——新一轮科技革命和产业变革进程中的民航高质量发展”为主题,80多位嘉宾围绕四个环节、15个问题,展开了深入交流和探讨。中国民航局与有关方面举行了20多场会谈会见,与中科院、华为科技公司签订了战略合作协议,10多家机构和企业代表参展。可以说,本次论坛时间紧凑、内容丰富,气氛热烈,讨论深入,成果丰硕。

中国民航发展论坛自2007年创办以来,到本届已成功举办10届,已经成为一个具有很高国际知名度的高层次、高水平对话交流平台和思想碰撞盛会,为指引行业发展、增进全球民航合作发挥了积极作用。现在,参加论坛的各界人士越来越广泛、讨论的主题越来越深刻、论坛的吸引力和影响力也越来越大。我们可以从本次论坛的“三大特点”“三大收获”中,找到自信、找到答案。

因为看见,所以相信。本次论坛亮点纷呈,特征明显,特点突出,特色鲜明。

这是一届注重融合、突破行业的论坛。智慧民航建设具有跨界共享的特征。本届论坛一如既往地得到了社会各界的高度重视和广泛关注,国家领导人和有关部门、地方政府领导以及企业界、智库界的重量级人物参加了论坛各项活动。全国政协副主席梁振英先生、交通运输部部长李小鹏先生亲临论坛指导并致辞,给我们巨大鼓舞。国务院发展研究中心主任、研究员李伟先生,中国科学院副秘书长高鸿钧院士,北京市委常委、副市长殷勇先生,上海市委常委、常务副市长陈寅先生,华为技术的郭平先生,阿里巴巴的刘松先生等嘉宾,就生产生活方式转变、数字化转型、智慧城市建设等内容,作了富有见地、有启迪的精彩演讲,给大家留下深刻印象,引发我们深思,让我们看到了智慧民航建设的光明前景的同时,也增强了我们的责任感。

这是一届着眼未来、突破当下的论坛。智慧民航建设具有面向未来的特点。本届论坛,从现实起步,集中展示的100多个民航智慧化建设经典案例,让我们看到了互联网、物联网、大数据、云计算、人工智能等技术在智慧民航建设中的无限可能与未来场景,也看到了生物识别技术、流动科技、数字映射、机械智能、虚拟现实等技术应用在智慧民航发展中的现实成果与动态演进。本届论坛,从未来着眼,全面和系统地剖析了新一轮科技革命和产业变革给民航发展带来的机遇与挑战,与会嘉宾分别从机场运营、航空运输、空中交通管理以及行业治理等多角度畅谈智慧民航发展与未来。民航局安全总监唐伟斌先生介绍了中国民航飞行品质监控基站在大数据应用方面的体会,提出利用大数据,实现未来航空安全可预判预警、可分析监控、可科学评估的“三大功能”。民航局空管局车进军先生提出未来智慧空管基于航迹运行、信息技术和管制智能化的“三大趋势”,让我们切实感到智慧民航的未来已来、智慧民航的未来可期的同时,也增强了我们的紧迫感。

这是一届追求合作、突破国界的论坛。智慧民航建设具有面向世界的特色。在全球

化时代背景下，全球民航业是一个联系紧密的命运共同体，智慧民航建设需要各国民航同仁共同努力。国际民航组织主席阿留先生在开幕式上发表了精彩致辞，来自美国、欧洲、新加坡、中国香港等国家和地区的民航主管部门领导向我们描绘了未来航空运输系统、未来机场的恢宏画面，有法国巴黎机场等智慧机场的成果成效；有国泰航空、芬兰航空、达美航空、德国汉莎等智慧航司的分析分享；有波音公司、巴西航空工业等知名企业的创新创造，向我们展示了国际民航界在信息化、数字化、智能化、智慧化建设等方面的成功做法和有益经验。透过国际嘉宾的视野，我们看到了全球智慧民航发展前沿趋势的同时，也增强了我们的使命感。

因为看见，所以相信。我认为本届论坛不仅特点突出，而且成果丰硕，至少有三大收获：

一是用全新的视角更新认识理念。“不审天下之势，难应天下之物。”我们深切地感受到了新一轮科技革命和产业变革如汩汩江水之势正在全方位重塑民航业，也强烈地感受到智慧民航正以澎湃之势为中国民航高质量发展积蓄新的动能。冯正霖局长的主旨演讲贯彻了创新、协调、绿色、开放、共享的发展理念，提出要借智慧之势，把握民航发展的战略机遇；用智慧之法，汇聚民航发展的变革动能；成智慧之道，开拓民航发展的崭新局面。冯正霖局长的主旨演讲是站在时代变革潮头进行的一次深度思考，也是引领行业发展进行的一次深刻动员。冯正霖局长的演讲理念新、站位高、视野大、分析深、立意远、措施实，凝聚了广泛共识，进一步明确了推进智慧民航建设的理念思路、战略目标、任务路径，开拓了新时代民航强国和智慧民航建设的新疆界。

二是用全新的动能驱动改革发展。新一轮科技革命和产业变革是智慧民航建设的新动能。核心技术、前沿技术和关键技术是实现民航创新驱动发展的动力源。在本届论坛上，行业内嘉宾集中展示了智慧民航建设的创新成果，不少炫酷的“黑科技”刷新了我们的想象力边界。大数据、人工智能、互联网、云计算等新技术的广泛运用和发展前景，拓展了我们对前沿新兴技术与民航跨界融合发展的认识新边界。我们要把这些成功经验变成我们“自己的菜”，把这些新技术变成我们“自己的碗”。中国国航、东航、南航三大航的领导和首都机场、上海机场、广东机场三大机场集团，以及局机关三位司长主持的三场精彩讨论会，透过经验分享和观点碰撞，展现了智慧民航建设新的动能，运用各种信息化和通信手段，分析整合各种关键信息，提供数字化处理、智能化响应和智慧化支撑，满足持续安全、提升服务品质、提高航班正常性等三大核心需求，从而打造一个更加安全、更加“智慧”、更有效率、更有质量的航空运输服务体系。

三是用全新的合力筹划未来发展。智慧民航建设是一个系统工程，需要民航业的上下游产业以及综合交通、城市建设等主体广泛参与，在更加开放包容的平台上，建立深度合作机制，实现融合发展。在本届论坛上，我们欣喜地收到了多个“合作礼包”和“政策礼包”，多个部门和单位表示要为智慧民航建设融智聚力。比如，国家移民管理局作为新机构，展现了新作为。金伟程先生介绍了国家移民管理局在推行“两公布一提示”工作机制、设置“一带一路”专用通道、推动空港口岸边检查验“无纸化”等方面的情况，也提出要加快建设iAPI、PNR系统，在更大范围实施144小时、72小时过境免签政策，为广大出入境旅客提供优质高效的通关服务。此外，海关总署、国家铁路局等部门，北京市、上海市、浙江省、深圳市等地方政府都将智慧机场纳入智慧海关、智慧铁路、智慧城市建设总体规划、工作计划中。大家都是智慧民航的重要建设者、参与者，多方协同合作成为智慧民航建设的“最大增量”。

因为看见，所以相信。本届论坛呈现的鲜明特点，让我们记忆深刻！展现的丰硕成果，让我们备受鼓舞！从而坚定了我们建设智慧民航的强大信心。这份信心来自民航智慧化发展的美好前景和广阔空间！这份信心来自与会嘉宾的深邃思考和智慧分享！这份信心来自大家全方位合作的迫切愿望和高度期待！

女士们、先生们，朋友们，虽然相聚短暂，却留下了闪光的智慧、合作的友谊和美好的回忆。在这里，我代表中国民用航空局、代表论坛组委会、代表冯正霖局长，再次感谢大家贡献的智慧和力量！感谢论坛的所有协办单位、支持单位！感谢为筹备和保障论坛付出辛劳的全体工作人员！感谢为论坛的宣传报道作出贡献的新闻界朋友们！感谢提供热情周到服务的中国大饭店！感谢对中国民航发展给予关注关心的各界朋友！

女士们、先生们，朋友们，本次论坛留下宝贵的精神财富和“智慧财富”，已经镌刻在中国民航发展论坛发展的“功劳簿”上。一切过往，皆为序章。我们将继续秉承“与世界民航对话、促全球民航合作、解民航发展难题、谋行业共同发展”的论坛宗旨，认真谋划论坛更加美好的新篇章，让我们共同相约2021年第十一届中国民航发展论坛。

现在，我宣布：第十届中国民航发展论坛闭幕！

谢谢大家！

【简析】

这篇闭幕词通过感谢、总结、归纳、展望等手法，交代主旨、概述内容、强调成果、表达感谢、说明未来发展方向，达到总结论坛成果、赞扬参与人员、展示智慧民航转型的目的。文章结构清晰，信息丰富，表达情感深刻，数据具体、例证丰富等技巧，使内容具有说服力和吸引力，展现了中国民航发展论坛的强大影响力和未来发展愿景。总体而言，本篇例文充分体现了应用文写作特点，既具备论坛总结的功能，又具备激励、感谢、展望等多重作用，是一篇富有实效性和感染力的应用文写作范例。

三、发言稿

(一)发言稿的含义和作用

发言稿是发言者为了在某个场合或会议上表达特定观点、意见或信息而准备的应用文。它通常具有明确的目的性,旨在向听众传达发言者的立场、思想或情感,进而达到某种交流、说服或宣传的效果。发言稿的撰写需要充分考虑场合、听众和目的。针对不同的场合和听众,发言稿的语言风格、内容侧重点和表达方式都应有所调整。同时,发言稿还应具备逻辑清晰、条理分明、语言简练等特点,以便于发言者流畅地表达,也便于听众理解和接受。

发言稿是发言者传达信息、观点和想法的清晰指南。它需要确保内容完整无误,因此能够为听众提供易于理解的框架。准备发言稿能增强发言者的自信,使其在公众场合冷静发言,与听众有效互动。同时,发言稿中的事实、数据和引用经过核实,确保信息准确,避免误导。通过预先规划,发言稿还能帮助控制发言时间,保持听众兴趣。精心设计的发言稿不仅是信息传递的工具,更是与听众建立联系的桥梁,增强发言效果,使观点更易被接受和记忆。

(二)发言稿的写法

1.标题

标题应简明扼要地概括发言的主题。

2.称呼与问候

根据场合和听众对象,选择合适的称呼和问候语。

3.正文

开头部分,通常用简洁明了的语言引出主题,吸引听众的注意力,根据具体场合和需要可适当添加背景介绍、引用名人名言等。

主体部分,围绕主题展开论述,可以分点阐述,每一点都要有充分的论据支持,适当引用数据、事实或案例来支持观点,增强说服力。

结尾部分,总结全文,强调主题,提出希望或建议。

4.结束语

结束语可以用“谢谢大家”“感谢各位的聆听”等礼貌用语作为结尾。

【范例3】

中国民用航空局局长冯正霖庆祝国际民航日致辞
——实现互联互通梦想　共铸世界民航辉煌

中国民用航空局局长　冯正霖

今天，是国际民航日。在这个值得纪念的日子里，我谨代表中国民用航空局向国际民航组织表达良好祝愿，并向世界各国民航界同仁致以崇高敬意！

75年前，民航产业方兴未艾，为确保这一对人类社会影响深远的革命性产业安全、有序、高效、可持续发展，国际民航界先贤们起草了《国际民用航空公约》，确立了国际民航秩序基本准则，为国际民航业的发展提供了制度依据，为全球民航产业的腾飞提供了有力保障。

75年来，中国作为国际民航组织一类理事国和创始国之一，认真恪守《国际民用航空公约》宗旨，主动承担相关责任和义务，在国际民航组织理事会的带领下，在国际民航组织秘书处的不懈努力下，积极参与国际民航事务，积极完善国际民航组织各类标准和措施，全面落实全球空中航行、全球航空安全和安保计划，开放鼓励民航产业新技术研究和创新，深入参与全球民航治理，与世界各国共谋民航发展之策，共享互联互通之果，为实现人类“开放天空，联通世界”的梦想，携手共进，砥砺前行。

75年来，中国民航始终坚持开放发展，秉持共建共赢、互学互鉴的发展理念，坚持“引进来，走出去”的对外开放基本国策，在联合国框架下全面深化国际合作。中国民航一贯对国际民航组织各项活动给予充分的智力、人力和财力支持，一贯积极参与国际民航组织领导下的各项活动和举措，一贯以加强全球民航安全、提高空中航行能力和效率、强化民用航空安保、驱动民航经济为使命，充分发挥民航大国的引领和促进作用。

75年来，中国民航始终坚持安全发展，以保障民航安全生产为要务，全方位、深层次提升民航安全管理水平。中国民航一贯对航空安全高度重视，对危及航空安全事件督整改、促反思，对突破民航安全底线行为零容忍、强防范，以坚定不移之态，表达中国民航为保障航空安全的决心；以高效果敢之力，体现中国民航的责任与担当。

75年来，中国民航始终坚持高质量发展，贯行“以人民为中心”的发展理念，持之以恒地“抓正常”“抓服务”，科学把握运行实践标准，严格遵守国际行业规范，在大幅提升航空运输能力同时，全力保证航空运输服务质量，连年为世界航空运输总量作出卓越贡献，为世界各国人民友好交往带来更多便利和福祉。

75年来，中国民航始终坚持创新发展，以产业战略部署为导向，以民航新技术、新产品、新标准为支撑，坚持走以创新驱动发展之径，立中国民航蓬勃迈进之本。中国民航在创新工作中不断攻坚克难，迎难而上。在融合实践中不断积极摸索，挑战自我。在国际

民航人才培养中，全面规划，树百年大计。

75年来，国际民航组织发展迅速，队伍不断壮大。今年，国际民航组织成功召开了第40届大会，隆重纪念了《国际民用航空公约》签订75周年，迎来了第193位新理事会成员国加入。中国在国际民航组织新一届理事国竞选中再次高票连任一类理事国，足以体现了世界各国对中国民航国际地位的认可，充分肯定了中国民航在推动国际民航业发展中作出的努力。

中国民航是弘扬国际民航精神的践行者，是国际民航组织“不让一个国家掉队”倡议的响应者，是国际航空运输业政策与标准制定的参与者，是推进国际民航新技术、新理念、新标准实施的先行者，是带动国际民用航空事业发展建设的实干者。未来，中国民航将继续肩负推动国际民航发展使命，恪守《国际民用航空公约》宗旨，切实履行缔约国义务，在国际民航组织这个大家庭中继续发挥积极作用，与国际民航组织各成员国一道，共同应对未来发展中面临的挑战，继续推动航空业在实现联合国2030可持续发展议程和构建人类命运共同体中不断取得新进展，合力铸就国际民航事业新辉煌。

【简析】

这篇发言稿是冯正霖局长在国际民航日的重要发言，深刻回顾了国际民航业75载的辉煌历程，并凸显了中国民航在其中扮演的积极角色。冯局长强调了中国民航对《国际民用航空公约》宗旨的恪守，对国际民航事务的积极参与，以及对安全、高质量和创新发展的不懈追求。他提到了中国民航在提升安全管理、保障服务质量、推动新技术实施等方面的努力，并展示了中国民航在国际民航组织中的影响力和贡献。最后，冯局长表达了中国民航将继续与国际民航组织各成员国携手合作，共同应对挑战，推动国际民航事业迈向新辉煌的坚定决心。整篇发言稿条理清晰，语言准确，体现了应用文写作的规范性和实用性。

第三节　民航常用管理类文书

一、工作计划与工作总结

(一)工作计划与工作总结的含义和作用

工作计划是指在一定时间范围内，规划和安排好各项工作任务、时间节点、责任人等

具体细节的文稿或计划表。工作计划通常包括确定的目标和任务、实施步骤和方法、时间安排、资源配置、责任分工等内容，以确保工作有序进行，目标得以达成。

工作总结是在一定阶段或工作周期结束后，对工作过程、工作成果、工作效果等进行全面评估和总结的过程。工作总结对工作中的得失、经验教训进行归纳总结，以便更好地改进工作方法、提高工作效率，为下一阶段的工作提供参考和借鉴。工作总结还可以帮助个人或团队认清问题、发现不足，从而更好地提升工作质量和效率。

(二)工作计划和工作总结的写法

1.工作计划的写法

标题：明确计划的标题，例如"××××年××季度工作计划"或"××项目工作计划"等，以便让读者一目了然。

引言：简要介绍计划的背景和目的，阐述制订计划的重要性和必要性，为后续内容做好铺垫。

目标设定：明确具体的工作目标，包括长期目标和短期目标，确保目标具有可衡量性、可达成性和相关性。

任务分解：将目标细化为具体的任务，列出每项任务的责任人、完成时间和所需资源，确保任务之间的衔接和协调。

风险评估与应对：预测可能出现的问题和风险，制定相应的应对策略和措施，降低风险对计划执行的影响。

总结与反馈：对计划进行简要总结，强调关键点和重点任务，同时说明计划执行过程中的反馈机制，以便及时调整和优化计划。

2.工作总结的写法

标题：明确总结的标题，例如"××××年工作总结"或"××项目工作总结"等，以便读者快速了解总结内容。

引言：简要介绍总结的背景和目的，阐述总结的重要性和意义，为后续内容做好铺垫。

工作内容回顾：详细列举在过去一段时间内完成的工作内容，包括完成的任务、达成的目标以及取得的成果等。

成绩与亮点：总结工作中的成绩和亮点，突出自己在工作中的贡献和价值，展现自己的能力和实力。

问题与不足：客观分析工作中存在的问题和不足，找出原因并提出改进措施，为后续工作提供经验和教训。

未来展望:结合工作实际和未来发展趋势,提出自己的建议和展望,为团队和公司的未来发展贡献智慧和力量。

【范例4】

民航行业塑料污染治理工作计划(2021—2025年)

积极应对塑料污染,事关人民群众身体健康,事关我国生态文明建设和高质量发展。为深入贯彻落实党中央、国务院决策部署,加强民航塑料污染治理,推动民航业绿色发展,根据《关于进一步加强塑料污染治理的意见》(发改环资〔2020〕80号)有关要求和"十四五"期间民航绿色发展工作部署,制订本工作计划。

一、工作思路

以习近平生态文明思想为指导,全面贯彻落实党的十九大和十九届二中、三中、四中、五中全会精神,完整准确全面贯彻新发展理念,正确处理绿色与服务、绿色与安全的关系,把塑料污染治理作为推动民航绿色发展的重要任务,以机场和航空公司为重点,坚持减量化、标准化、循环化,坚持创新驱动、多元参与、协同共治,促进政府监管和行业自律有机结合,确保禁限塑工作取得实效。

二、工作目标

到2025年,民航行业一次性不可降解塑料制品消费强度较2020年大幅下降,替代产品应用水平明显提升,塑料等垃圾智慧化、规范化回收处理体系基本建立,民航行业与塑料污染治理相关产业协同更加深入有效。

三、主要任务

(一)推动机场塑料污染治理。

2022年起,年旅客吞吐量200万(含)人次以上机场,①在航站楼、停车楼内不主动提供一次性不可降解塑料袋;②督导航站楼内商超、餐饮、旅客休息区等区域禁止提供一次性不可降解塑料吸管、搅拌棒、餐/杯具、包装袋。2023年起,实施范围扩大至全国所有机场。到2025年,不可降解塑料胶带、一次性不可降解塑料雨布、缠绕膜等货物包装用品使用量大幅下降。鼓励机场在精准识别旅客需求和充分市场调研基础上,创新经营管理模式,在航站楼、停车楼、货站等场所探索提供共享循环、安全智能的行李打包和货物包装服务,合理设置自助智能投放设施,为旅客提供环保购物袋、包装袋等。

全国机场在航站楼、停车楼、办公区、职工食堂等场所,投放垃圾分类回收设施;加强日常巡查与问题协调处置,科学设定垃圾清运频次,杜绝混收混运、分收混运问题。鼓励各机场强化管理创新,借助先进适用数字技术,加强与各有关方面的沟通协作,提升机场区域内垃圾收储运工作的专业化、智慧化和无害化水平。

（二）加强航班塑料污染治理。

2022年起，国内（含地区）客运航班停止提供一次性不可降解塑料吸管、搅拌棒、餐/杯具、包装袋；2023年起，实施范围逐步扩大至国际客运航班。鼓励航空运输企业在相关机供品招标采购时纳入禁限塑指标要求，优先采购“零塑”制品。鼓励航空运输、航空食品加工等企业加大科研投入，联合有关单位加快研发先进适用的塑料替代产品和客舱垃圾智能回收等设备，满足安全、绿色，智能客舱服务需求。鼓励航空物流企业通过设备租赁、融资租赁等方式，积极推广可循环、可折叠包装产品和物流配送器具。鼓励相关协会开展可循环物流配送器具回收体系建设研究工作。航空运输企业可在确保航班安全和服务质量前提下，有序开展客舱垃圾机上初步分装试点工作。

（三）积极开展民航直属单位限塑。

民航各级党政机关、教育科研、空管等单位积极开展塑料污染治理工作，落实塑料制品禁限、替代措施。2021年7月起，以上单位在相关建筑设施内禁止提供一次性塑料吸管、餐/杯具、搅拌棒、包装袋，在办公楼、教学楼、图书馆、食堂、运动场馆、空管台站等区域合理投放垃圾分类回收设施，有条件的单位可投放单独的塑料瓶及其他塑料废物回收设施。

四、保障措施

（一）狠抓工作落实。各单位要提高认识，以实现行业绿色低碳循环发展为导向，以塑料污染治理为契机，加快建立健全体制机制，精心组织安排，明确职责分工，加强工作协同，确保各项任务落到实处。民航各地区管理局可结合实际制定具体监管细则，加强成效跟踪和总结分析，指导监管局重点对辖区机场、航空公司工作落实情况开展调研检查，对实施不力的单位，通过公开曝光、约谈等方式督促整改。工作亮点和重大问题及时向民航局报告。

（二）加强宣传引导。行业协会、科研院校要发挥行业自律和智库研究作用，会同有关方面有序开展民航塑料污染治理专业研讨、培训及标准规范编制和推广等工作。机场、航司、行业媒体等在提供服务和宣传引导时，应积极主动利用各种渠道和平台加大对塑料污染治理等民航绿色发展成效和优秀做法的宣传力度，促进行业交流互鉴，展现行业担当，广泛凝聚共识，营造良好工作氛围。

【简述】

这篇工作计划在应用文写作上展现了高度的专业性和系统性。它明确提出了塑料污染治理的工作思路、目标、主要任务和保障措施，并详细规划了未来五年的行动计划，涵盖了机

场、航班及民航直属单位的治理重点。工作计划结构清晰、内容翔实，既体现了政策导向，又注重实际操作，同时强调了多方参与和协同共治，对于推动民航业绿色发展、减少塑料污染具有积极的指导意义。

【范例5】

民航单位个人年度工作总结

自被聘任为民航机场安全检查站站长助理以来，在机场党政领导和同事们的大力支持下，我严格按照机场安检工作的总体部署和目标任务要求，以科学发展观为指导，认真贯彻执行安检工作方针政策。围绕中心任务，突出重点，狠抓落实，注重实效，恪尽职守，圆满完成了各项工作任务，并取得了一定的成绩。在工作中，我始终坚持“安全第一、预防为主”的原则，紧密结合岗位实际，确保每一项工作都落到实处。通过不断努力，我们在提升安检效率、加强安全管理、优化服务流程等方面取得了显著进展，为保障机场的安全运营和提供优质服务作出了积极贡献。现根据上级领导的安排和要求，我将就担任安检站站长助理期间的工作情况进行汇报，恳请各位领导和同事们批评指正。希望在大家的支持与帮助下，能够进一步改进和完善我的工作，为机场的安全与发展贡献更大的力量。

一、学习理论，提高政治思想觉悟

自担任安检站站长助理以来，我深入学习了邓小平理论、“三个代表”重要思想和科学发展观，以及十七大和十七届三中、四中全会精神，用党的理论武装头脑，不断提升自己的政治思想觉悟。在思想上，我与机场和安检站保持高度一致，坚定理想信念，树立正确的世界观、人生观和价值观，始终秉持全心全意为旅客服务的理念，做到无私奉献。

在工作中，我养成了吃苦耐劳、善于钻研的敬业精神和求真务实的工作作风。我严格服从机场和安检站领导的安排，紧密结合岗位实际，圆满完成了各项任务。在实际操作中，我始终坚持“精益求精，一丝不苟”的原则，认真对待每一项工作，确保每一步都做到尽善尽美。通过不断的努力，我在工作中取得了显著成绩，为保障机场安全和提升服务质量作出了积极贡献。无论是日常的安全检查，还是应对突发事件，我都以高度的责任心和专业素养，确保每一项工作都能达到最高标准。这种严谨的态度和不懈的努力，不仅提升了我的个人能力，也为团队树立了良好的模范，共同为机场的安全运营和优质服务保驾护航。

二、学习文化，提高业务工作水平

我一直认为，人的一生就是不断学习的过程，特别是在当今这个快速发展的时代，学习尤为重要。如果不持续学习，就难以跟上时代的步伐，最终会被淘汰。在工作中，除了深入学习党的理论知识外，我还特别注重学习机场安检方面的国家方针政策和业务知识，力求学深学透，将所学内容牢牢掌握并应用于实际工作之中，为做好机场安检工作打下坚实的基础。

通过系统的学习，我不仅熟悉了机场安检的方针政策、法律法规，还掌握了相关的基础知识与技能，大大提升了履行岗位职责的能力。这使我能够与时俱进，具备更强的大局观，并能根据实际情况灵活贯彻执行相关政策。如今，我已经具备了处理复杂、烦琐安检任务的能力，能够在各种情况下高效完成工作任务，取得了显著的成绩。持续的学习不仅增强了我的专业素养，也使我在面对挑战时更加从容不迫，确保了机场的安全运营和服务质量。

三、加强建设，提高自身综合素质

作为机场安检站站长助理，我深知自己肩负的责任重大。为了胜任这一角色，我努力按照政治素质强、善于管理的复合型高素质人才的标准来要求自己，全面提升自身的政治、业务和管理能力。在加强自身建设的过程中，我主要从三个方面入手：

首先，严格要求自己。我始终以爱岗敬业、尽职尽责为准则，做到吃苦在前、享乐在后，全心全意践行“团结、务实、严谨、拼搏、奉献”的时代精神。这种自我要求不仅体现在日常工作中，更贯穿于我的每一个行动之中。其次，强化执行力建设。我认真学习并深刻理解机场安检工作的方针政策，确保学深学透，正确把握其精神实质，并将其牢记于心。在实际工作中，我坚决贯彻执行这些方针政策，不打折扣，立场坚定，态度坚决，确保每一项政策都能准确、全面地落实到具体工作中。通过这种方式，我不断提升自己的执行力，确保高质量完成各项任务。最后，注重服务工作。我将自己视为机场安检站的一员，积极开动脑筋，想方设法提升服务质量。无论是面对旅客还是同事，我都力求提供优质的服务，以获得他们的满意。通过不断改进工作方法和服务流程，我努力提高安检工作的质量和效率，维护机场的安全与稳定。总之，通过这三个方面的努力，我不仅提升了个人综合素质，也为机场安检工作的顺利开展作出了积极贡献，确保了机场的安全运营和服务质量。

四、开拓创新，积极开展各项工作

我从事机场安检工作，安检工作是机场的重要工作，关系到机场和航班的安全，我以认真、细致、负责的态度去对待它，务必把各项安检工作做好，切实维护机场和航班的安全，这里面，我主要做了三方面工作。

1.协助站长管理好安检站日常工作

机场安检站的日常工作繁重且琐碎，面对旅客，确保机场和航班的安全是我们的首要任务。作为站长助理，我积极协助站长管理日常事务，始终保持清醒的头脑和高度的警觉性。在安检工作中，我深刻认识到每一项细节都至关重要，因此始终集中精力，确保安检工作不出任何纰漏。此外，我还与全体安检人员齐心协力，严格按照安检制度要求，规范化、制度化地开展工作，确保每一个环节都不出问题。通过大家的共同努力，自担任站长助理以来，机场和航班未发生过任何安全事故，这一点让我感到非常欣慰。

2. 协助站长制定好安检规章制度

要做好机场安检工作，除了提升安检人员的思想觉悟和业务技能外，健全的规章制度也是至关重要的。我积极参与安检规章制度的制定，并确保这些制度能够切实落实到实际工作中，严格执行。在执行过程中，我加强了检查与监督，对违反规章制度的行为进行严厉批评，并要求限期改正，以确保所有操作符合标准。此外，我还协助站长制订了详细的应急突发处置预案，并组织员工进行学习和演练，确保在突发事件发生时，大家能够沉着应对、从容处置，将影响降到最低。通过定期的培训和模拟演练，我们提高了团队的应急反应能力和协同作战能力，增强了处理各种紧急情况的信心。同时，我还负责设备的换季维护与保养工作，确保所有安检设备始终处于最佳状态，满足日常工作的需求。通过定期检查和维护，我们不仅延长了设备的使用寿命，还保证了其在关键时刻的可靠性和稳定性，为旅客的安全出行提供了坚实保障。通过这些措施，我们不仅提升了安检工作的整体水平，也为机场的安全运营打下了坚实的基础。我将继续努力，不断完善各项规章制度，提高团队的专业素养，确保机场安检工作的高效与安全。

3. 加强队伍建设，提高员工素质

队伍建设是确保机场安检工作高效开展的基石。在站长的领导下，我们组织全体成员深入学习集团首次党代会报告精神，并积极响应“三严整顿”与“二次创业”的号召，将上级指示和公司方针切实融入日常工作之中，以确保政策的有效落实。在人员管理方面，我始终坚持“以人为本”的原则，积极倾听员工心声，重视他们的意见与建议，充分激发每位成员的积极性与创造力，致力于提高团队整体素质。通过持续加强团队建设，我们营造了一个团结协作、奋发向上的工作氛围，齐心协力推进各项安检任务，为保障航空安全贡献力量。

在担任安检站站长助理期间，虽然取得了一定的成绩，但我也意识到仍存在一些不足和差距，需要进一步改进和提高。未来，我将继续加强学习，掌握更多做好安检工作所需的知识与技能，不断提升自身的专业素养。我将按照科学发展观的要求，秉持求真务实的工作作风和创新发展的思路，不断努力，攻坚克难，争取将机场安检工作提升到一个新的水平。通过持续的学习和实践,我希望能够更加有效地识别和应对各种安全风险,确保机场和航班的安全运营。我相信,通过不懈的努力,我们将能够更好地维护机场和航班的安全,为旅客提供更加优质的服务,从而为实现民航事业的持续健康发展作出应有的贡献。我将以更高的标准要求自己,不断提升工作效率和服务质量,为保障旅客的安全和舒适出行而不懈奋斗。

总之,作为一名机场安检站站长助理,我深知自己的责任重大。在今后的工作中,我将继续秉持严谨细致的态度,不断提升自身能力,带领团队共同进步,为保障机场安全、提供优质服务而不懈努力。

【简析】

这篇个人年度工作总结的优点在于结构清晰,内容充实。作者首先概述了自身在机场安检工作中的主要职责和取得的成果,接着详细阐述了在队伍建设、规章制度制定、员工素质提升等方面所做的努力和取得的成效,最后还谦虚地指出了存在的不足和未来的努力方向。整个总结逻辑严密,语言简练,能够全面展示作者的工作能力和成长历程。但如果在"队伍建设"和"规章制度制定"的具体实施细节和成效的量化描述中进一步增加具体案例和数据支撑,将更有助于读者全面理解和评估作者的工作成果。

二、工作方案

(一)工作方案的含义和作用

工作方案是指针对某项工作或项目制订的详细计划和安排,其中包括目标、步骤、时间表、资源、责任人等方面的具体安排和指导。工作方案的作用主要体现在:明确工作目标和任务;组织和安排工作流程;资源调配和分工合作;风险识别和制定应对策略;评估和监控工作进展。

(二)工作方案的写法

1.标题

标题简明扼要地概括工作方案的主题或目标,使读者能够迅速了解方案的主要内容。

2.引言或背景

引言或背景简要介绍工作方案的背景、目的和重要性。这有助于读者理解方案提出的背景和必要性,为后续内容的展开做铺垫。

3. 工作目标和任务

明确工作方案的目标和任务，确保它们与整体战略或计划保持一致。目标应具有可衡量性，任务应具体明确，以便执行者能够清晰地了解需要完成的工作内容。

4. 实施步骤和方法

详细列出实现工作目标和任务的具体步骤和方法。这包括时间安排、人员分工、资源调配等方面。确保每个步骤都有明确的执行者和责任人，以便跟踪和监控进度。

5. 风险评估与应对措施

对工作方案实施过程中可能遇到的风险进行预测和评估，并提出相应的应对措施。这有助于提前识别潜在问题，确保工作方案的顺利进行。

6. 预期成果与评估

描述工作方案实施后预期取得的成果和效益，并明确评估标准和方法。这有助于衡量工作方案的实施效果，为后续改进提供依据。

7. 附件

如有需要，可以添加相关附件，如数据表格、图表、参考文献等，以便为读者提供更详细的信息和支持。

【范例6】

民航贯彻落实《打赢蓝天保卫战三年行动计划》工作方案

坚决打好污染防治攻坚战，是党的十九大作出的重大决策部署，加快改善环境空气质量、打赢蓝天保卫战是其中一项重要任务。国务院日前印发《关于打赢蓝天保卫战三年行动计划》（国发〔2018〕22号）（下称《三年行动计划》），明确了打赢蓝天保卫战的指导思想、目标任务和具体措施，并将京津冀及其周边、长三角、汾渭平原等地区确定为重点区域。其中，明确民航相关的重点任务是加快推进机场场内"油改电"建设和大力推广飞机岸基供电（即飞机辅助动力装置替代，下称APU替代）专项工作。为切实履行民航业生态环保职责，在推动民航强国建设中，系统有序推进民航绿色发展，落实《三年行动计划》相关规定，结合以往工作经验和行业发展实际，制定本工作方案。

一、总体要求

（一）指导思想

以习近平新时代中国特色社会主义思想为指导，全面贯彻落实党的十九大和十九届二中、三中全会精神，认真落实党中央、国务院决策部署和全国生态环境保护大会要求，坚持新发展理念，牢固树立"四个意识"，以改革创新为动力，坚持实事求是，坚守安全底线，强化规划引领，以机场场内车辆"油改电"和APU替代项目为抓手，不断推动行业结构性节能减排工作走向深入，坚决完成《三年行动计划》任务要求。

（二）基本原则

——坚持底线思维，务求实效、坚守安全这一航空运输生命线，紧扣打赢蓝天保卫战任务要求，加大生态环保工作力度，汇聚资源，加大投入，协同推动民航高质量发展和生态环境高水平保护。

——坚持责任担当，狠抓落实。发挥企业主体作用，强化时间节点意识，坚持问题导向、挂图作战，着力推动管理、融资、运行等模式创新；强化政府督察与服务作用，真抓严管，加快完善相关技术与运行标准体系。

——坚持远近结合，统筹协调。兼顾眼前与长远，着重处理好打赢蓝天保卫战和生态文明建设持久战的关系，充分发挥市场与政府两只手的作用，强化民航各单位间协同联动、民航运输业与相关装备制造业融合发展，努力形成共建共享共赢的良好局面。

（三）目标指标

经过3年努力，机场场内运行电动化水平显著提升，协同减少机场场内噪声和排放，明显改善机场场内空气质量和工作环境。

（四）实施区域范围

“油改电”项目实施范围是：《三年行动计划》确定的京津冀及其周边、长三角和汾渭平原等重点区域内机场（下称重点区域机场，名单附后），以及非重点区域2017年旅客吞吐量500万人次以上机场（下称其他区域机场，名单附后；2018—2020年旅客吞吐量超过500万人次的新增机场参照执行）。APU替代项目实施范围是：2017年旅客吞吐量500万人次以上机场（2018—2020年旅客吞吐量超过500万人次的新增机场参照执行）。

本工作方案暂不适用未来三年有迁建计划机场以及不在上述实施范围内机场。下文所称“机场”若不做特殊限定，均指本方案适用机场。

二、加快机场场内车队结构升级

在满足民航机场设备技术标准和相关管理规定的前提下，选择适当的技术路径和产品，确保机场场内特种车辆平稳更替和不停航施工安全。

（一）推广使用新能源设备和车辆。自2018年10月1日起，除消防、救护、除冰雪、加油设备/车辆及无新能源产品设备/车辆外，重点区域机场新增或更新场内用设备/车辆应100%使用新能源（鼓励选用技术进步产品），在用国三及以下排放标准汽柴油设备/车辆实现100%尾气达标改造，不再引进汽柴油设备/车辆；其他区域机场新增或更新场内设备/车辆中，新能源设备/车辆占比不低于50%，新增或更新场内汽柴油设备/车辆必须达到国四及以上标准，在用国三及以下排放标准汽柴油设备/车辆实现100%尾气

达标改造。

（二）完善场内充电设施服务体系建设。各机场要开展供电系统升级改造及充电设施建设工作，努力建成数量适度超前、布局合理、智能高效的充电设施服务体系，充分满足场内车辆安全、高效运行。驻场单位在机场场内自有用地建设充电设施应坚持安全集约高效原则，并商机场后实施，避免重复建设、浪费资源。

（三）创新商业运营模式。在确保机场安全运行的基础上，各机场及其驻场单位应创新项目投融资、建设和运营模式，鼓励探索引入合同能源管理、专业运营服务商、设施设备共享平台等方式促进项目高效集约式发展；机场及其驻场单位要积极争取国家及地方相关政策支持。

三、推动靠桥飞机使用APU替代设施

推广400赫兹静变电源设备（电源机组）和地面空调设备（空调机组）替代飞机APU，飞机在机场廊桥停靠期间主要使用APU替代设施。

（一）提高APU替代设施使用率。2020年底前，机场在用廊桥全部配备APU替代设施（空调、电源及计量监控系统），鼓励2017年旅客吞吐量1000万人次以上机场根据实际运行情况开展远机位APU替代项目改造（2018—2020年旅客吞吐量超过1000万人次的新增机场参照执行）。2019年1月1日起，按照“应用尽用”原则，飞机在机场廊桥停靠期间禁止使用APU。2018年起，设计旅客吞吐量500万人次以上的新建或改扩建机场应同步规划、设计、建设APU替代设施；设计旅客吞吐量1000万人次以上的新建和改扩建机场还应同步规划、设计、建设远机位APU替代设施。

（二）完善运行管理程序。机场应通过航行情报、机场使用手册等途径发布和更新本机场的APU替代设施所在机位、设备型号、适用机型等相关信息。机场应和航空公司加强协调与合作，定期组织技能培训、考核及复训，协商确定APU替代设施使用操作流程。机场（特别是重点区域机场）应认真统计各航空公司APU替代设施使用情况，整理后每季度向所在地民航地区管理局报备。

四、建立健全协同联动机制

以打赢蓝天保卫战为契机，不断提升行业结构性节能环保工作系统性、协同性、整体性，加快建立健全相关工作机制。

（一）建立联合工作机制。机场会同驻场单位建立联合工作组，商定工作机制，明确各自权责，共同研究编制“打赢蓝天保卫战项目推进三年工作计划”（下称联合工作计划），制定可量化、可核查的总体目标与年度目标，并共同落实计划。各机场联合工作计划应于2018年11月底前由机场报送所在地民航地区管理局，民航地区管理局审核通过后,机场及其驻场单位自行组织实施。

(二)协商确定用电收费标准。机场可向场内电动车辆及APU替代设备用户收取电费和充电服务费,其中电费执行国家规定的电价政策,充电服务费用于弥补相关设施运营成本。具体收费标准由机场与有关驻场单位参照国家或地方相关规定协商确定,确保电动车辆使用成本显著低于燃油汽车使用成本、APU替代设施使用成本显著低于APU使用成本。各机场确定充电收费标准后需向所在地民航地区管理局报备。

(三)积极推进新技术应用。机场应会同驻场单位、科研单位开展新能源车辆及APU替代设施运行与能耗监控系统建设,积极稳妥开展智能化充电设施、储能设施、微电网设施等建设,不断提高现代信息技术在运营管理创新中的应用水平,加快移动互联网、物联网、大数据、人工智能等新技术应用。到2020年底,重点区域机场应实现场内车辆及APU替代设施运行情况可视化、智能化监测。

(四)加强与设备生产制造方协作。鼓励行业协会组织、机场及其驻场单位加强与设施设备生产制造方沟通协作,积极开展信息共享机制建设,强化需求导向,确保供给数量与质量满足民航安全、高效运行,努力实现民航运输业与相关装备制造业融合发展。

五、狠抓工作落实

民航业要充分认识落实《三年行动计划》相关要求的重要性和紧迫性,采取有力措施,坚决完成本方案各项任务。

(一)加大督察力度。民航局将会同民航各地区管理局建立"民航打赢蓝天保卫战专项工作组"。其中,民航局主要负责制定总体工作方案、开展总体评估、组织制定标准和规章等工作;民航各地区管理局具体负责各机场联合工作计划审核、工作指导与督察、节油数据统计分析等工作。2019年起,民航各地区管理局需对辖区机场相关项目开展情况每季度进行一次督察,督察结果报民航局;对工作不力、责任不实的单位,由民航地区管理局公开约谈相关单位主要领导。

(二)强化组织领导。各有关机场、航空公司、服务保障单位要高度重视此项工作,各单位主要领导要亲自抓、分管领导具体抓,明确具体负责部门;要制定本单位工作目标和配套政策措施,出台可量化、可操作的绩效考核办法,确保高质量完成相关工作。

(三)加强宣传引导。通过多种形式大力宣传民航落实《三年行动计划》有关工作进展和成效,主动宣介优秀典型;及时总结成功经验,促进各单位互学互鉴、共同提高、积极宣贯相关法律法规、政策文件,引导强化全行业绿色发展责任意识和行动自觉。

附件:1.重点区域机场名单

　　　2.其他区域机场名单

【简述】

这份工作方案以习近平新时代中国特色社会主义思想为指导，紧密结合民航业特点，明确了指导思想、基本原则、目标指标、实施区域范围及具体措施，特别是在提高APU替代设施使用率、完善运行管理程序、建立健全协同联动机制等方面提出了具体可行的操作方案。同时，工作方案还强调了督察力度、组织领导和宣传引导，确保各项任务得到有效落实。整篇工作方案结构清晰、内容翔实、语言准确，展现了应用文写作的高度规范性和系统性，是一份高质量的方案典范。

三、工作简报

(一)工作简报的含义和作用

工作简报是传递某方面信息的简短的内部小报。它是一种信息载体，通常按照一定的周期编发，内容包括本系统、本单位各部门、各单位开展工作的进展情况、取得的成绩和存在的问题，以及重大课题的调查研究情况等，通过简明扼要的文字，将工作情况及时反映给有关人员和部门，以便更好地指导和推动工作进展。

通过工作简报，员工可以了解当前工作的动态，把握工作重点，增强团队协作和执行力。同时，工作简报也为管理层提供了决策参考，帮助他们更好地把握整体工作态势，作出科学决策，推动组织目标的顺利实现。

(二)工作简报的写法

1.标题

标题简明扼要，准确反映简报的主题。可以使用单行标题，也可以采用正副标题的形式，正标题揭示主题或主要内容，副标题补充说明单位、时限、性质等。

2.引言

引言简要介绍背景、目的或总体情况，为后续内容做铺垫。

3.主体

主体详细叙述工作进展、成绩、经验、问题等内容。这部分应按照逻辑顺序进行组织，先写重要、新鲜的内容，后写次要内容。同时，要注意使用具体、生动的语言，使内容更具说服力。

4.结尾

结尾总结全文，提出下一步工作计划或建议。结尾部分要简洁明了，避免冗长。

【范例7】

航空安全简报

某航空公司上海飞行部安全委员会 2011年2月11日

一月份共完成航班生产6666架次，20749小时。飞行一部244架次，1943小时。飞行二部206架次，1809小时。飞行三部596架次，1697小时。飞行四部4198架次，9623小时。飞行五部718架次，2849小时。飞行六部704架次，2828小时。

一、安全管理工作

1. 精心准备、周密部署，全力做好“春运”安全生产工作。2011年春运自元月19日开始，历时40天。本年度上海飞行部的春运工作面临气候恶劣、航班总量增加、外站起始加班多等诸多不利条件。为了确保春运前期各项准备工作落实到位，实现新一年安全生产工作开门红，上海飞行部加强组织领导，成立了春运工作领导小组，全面部署协调春运工作事宜。针对当前安全生产任务形势，飞行部深挖潜能，围绕生产实际中的薄弱环节和突出问题，面向全员积极采取了加强安全教育、加强技术培训、加强调配沟通、加强督促检查、加强预案处置等“五项措施”把好安全关口，并要求飞行部各部门领导确保通信通畅，及时主动掌握动态、化解问题。飞行各部重点加强了春运期间的备份机组力量，完善应急预案，合理安排运力。进入“春运”以来，上海飞行部精心安排、周密部署，全体员工迎风雪、抗严寒，全力以赴确保运行安全、空防安全、地面安全。

2. 积极应对恶劣天气，严格细致确保安全。近期我国南方地区低温雨雪天气频发，本月上海地区更是多次降雪，对我部执飞航班的安全正常运行造成了较大影响。飞行部对此高度重视，及时转发了国务院、民航局及公司针对低温灾害天气保障安全工作的相关通知，并要求所属飞行各部认真学习贯彻通知精神，加强冬季飞行特点的技术研讨，强化飞行人员的规章意识。飞行部充分利用安全短信平台的时效性优势，及时向全体飞行人员通告恶劣天气信息、除防冰注意事项等实用信息，有效地提高了飞行前准备质量。

元月20日，上海虹桥、浦东两场因大雪造成进出港航班大面积延误，我部执飞的几乎所有航班都受到严重影响。执行任务的飞行人员本着对社会、对公司负责任的态度，顶风冒雪细致检查，严格执行公司《除冰和防冰大纲》；面对长时间延误，毫无怨言、不急不躁、坚守岗位。为了做好大面积延误后后续航班机组的调整工作，飞行各部快速反应，加强了备份机组力量，及时根据实际情况，调配机组结构，确保飞行人员的随叫随到和及时顶上。其中，飞行干部和党员同志们靠前指挥，在艰难险阻面前发挥了重要的先锋模范作用。

3. 开展节前现场检查，未雨绸缪保安全。为了确保春运工作及春节前航班生产安全

有序，根据公司《关于开展春运安全专项检查和现场检查的通知》要求，飞行部专门成立了检查领导小组，于元月26日对飞行部出发的34个机组进行了安全运行检查。对飞行人员资质、执行标准程序和相关规定以及工作秩序的情况、飞行人员精神面貌和直接准备阶段的实施情况等，进行了现场检查。检查总体情况良好，绝大部分机组均展现了良好的精神风貌，航前准备认真细致，严格地执行了相关规定。对此次检查反映出的一些不足的方面，检查组进行了现场纠正，并将检查结果整理汇总后，在飞行网上进行了公布，以此强化并促进全体飞行人员的安全意识。

4.加强安全教育，开展技术培训。为了进一步加强全体人员的安全思想意识，飞行部各单位加强了对安全形势的教育，组织飞行人员学习总局、公司关于做好春运工作的有关文件，并根据当前国际空防安全形势，重点重申了空防安全各项规定，切实从源头入手，促使全员将“安全第一”的理念落实到春运工作中。同时飞行部广泛开展了技术研讨培训活动，“安全技术大讲堂”邀请公司飞管部A320机型师助理，组织了《防止飞机侧向载荷超标》的专题讲座；飞行各部针对各执飞机型的航线运行特点，结合冬季雨雪、大风天气下飞行方法，开展隐患分析和教学研讨，确保全体飞行人员都能熟练掌握和使用防冰、除冰程序和设备。

二、本月好的事例

1.1月28日，某机组执行MU**航班，正确处置增压系统故障。‘

2.对1月20日抗击大风雪，保证航班正常作出突出贡献的下列人员给予奖励：邹某、徐某、李某……

三、存在的问题

1.1月3日，某机组执行MU**航班，航后发现发动机上有雷击痕迹，构成飞行一般雷击事件。

2.1月10日，某机组执行MU**航班，航后发现右发反推包皮外侧后部有灼烧点，性质待定。

四、下月工作要求

1.本年度春运工作已经过半，我部安全形势总体平稳，但是我们要防止盲目乐观，始终保持高度警惕。飞行各部要继续坚持合理搭配机组力量，周密安排备份机组，严防飞行人员超时超限飞行。春运期间值班人员要加强信息沟通，确保春运飞行任务安全圆满地完成。

2.针对当前持续的低温、低能见、大风等冬季典型天气，飞行机组要有充分的准备，特别是执飞我国北方及欧洲等高纬度地区时，要严把天气标准关，严禁超标准飞行，认真落实冰雪天气下保证飞行安全的具体措施,正确使用防冰、除冰设备,严禁飞机带冰、雪、霜起飞,坚持标准,反对违章飞行。

3.节后航班生产任务依然繁重,安全管理工作切忌放松。各级安全管理干部应加强责任意识,深入生产第一线,时刻保持清醒的头脑,严防麻痹松懈。要严格管理,加强飞行人员的安全教育,确保飞行安全。

4.针对目前国际上严峻的空防安全形势,出差机组要严格遵守飞行部相关驻外规定,进一步落实空防措施,认真熟悉空防预案,坚持驾驶舱全程锁门制度,同时积极配合边防、海关、安检等部门的工作。要保持高度警惕,防范和制止任何劫机、炸机恶性事件的发生,确保空防安全。

【简述】

这篇工作简报写得非常规范和全面。它清晰地概述了上月的航班生产情况、安全管理工作的重点、好的事例以及存在的问题,并针对下月工作提出了具体、明确的要求。简报内容条理清晰、语言简练、信息准确,既突出了工作重点,又体现了对安全工作的重视和责任感,是一篇符合应用文写作要求的优秀简报。

四、调查报告

(一)调查报告的含义和作用

调查报告是一种应用文体,它基于实地调查所获得的材料,通过科学的分析,揭示某一事物或现象的本质及其发展规律,进而提出解决问题的方案或建议。调查报告通常包括调查的目的、对象、内容、方法、结果和结论等部分,具有真实、客观、深入、全面的特点。

调查报告在多个方面发挥着关键作用。它能够客观地反映实际情况,为决策者提供真实可靠的数据支持;揭示问题本质,为解决问题提供有力依据;提出具体解决方案,增强针对性和可操作性;推动工作不断改进和提高;并通过发表和传播,促进知识传播和学术交流,推动学科发展。因此,调查报告是决策、研究和学术交流中不可或缺的重要工具。

(二)调查报告的写法

1.标题

调查报告的标题要把文章内容的精华告诉读者,要鲜明地揭示文章的主题或明确地表达作者的观点倾向。一般用简明扼要、高度概括的语言点出调查报告的主题。调查报

告的标题有以下三种类型。

（1）公文式标题：由调查内容、对象加文种（即调查报告、调查或考察报告）组成，如《湖南农民运动考察报告》。

（2）单标题：概括全文基本观点或中心内容。

（3）双标题：由正标题和副标题构成，正标题概括基本观点或中心内容，副标题补充说明调查的对象、地点、范围和内容等，并注明“调查”或“调查报告”，如《凤凰与笨鸟齐飞——关于两个国有企业合作改革的调查报告》。

2. 正文

（1）开头：介绍基本情况。

①概述调查活动情况，如调查报告的目的、时间、地点、对象范围和方法步骤等。

②介绍被调查对象的情况。

（2）主体：主体是调查报告的核心部分，是前言的引申和展开，也是结论的根据所在。主要包括调查报告的基本事实、主要情况、取得的突出成绩和存在的主要问题以及成因，经过分析得出的基本经验教训和发展规律与前景预测等。常见的结构形式主要有三种：

①纵式结构。按照调查进程或事物发生发展的先后顺序组织材料、安排层次，其优点是线索清楚，脉络分明，对事物的来龙去脉有较清晰的印象，一般适用于情况调查报告。

②横式结构。按事物的逻辑关系把主体的内容分成几部分，加上序号或小标题，分别进行阐述。其优点是条理清楚，层次感强，观点鲜明，适用于内容较复杂、涉及面较广的经验调查报告。

③纵横式结构。即把纵式和横式结合起来，既按事物的发展过程，又从事物的不同侧面或角度来写，纵横交错。一般来说，叙述事物发展过程时用纵式结构，写体会、总结经验教训或进行对比时，用横式结构。它适用于调查范围比较广泛、内容比较复杂的调查报告。

3. 结尾

针对调查发现的问题，提出建议与对策。结尾可以有多种形式，可以对全文内容作归纳性的说明，使中心内容更加突出；可以总结全文的主要观点，以加深读者印象；可以对调查的情况或问题提出解决的办法、措施、意见和建议，以请示或建议的形式结尾；也可以把报告中没写而又需要读者了解的情况加以补充说明等。也有的调查报告不加结尾，结尾内容融会贯通在主体之中。

【范例8】

某航空公司第一季度旅客满意度调查报告

一、调查背景与目的

随着航空业的快速发展和市场竞争的加剧,旅客满意度已成为航空公司竞争的关键因素之一。为了解某航空公司第一季度旅客满意度情况,以便公司针对性地改进服务质量和提升市场竞争力,特开展本次旅客满意度调查。

二、调查方法

本次调查采用问卷调查和现场访谈相结合的方式,对某航空公司第一季度乘坐航班的旅客进行随机抽样调查。问卷设计涵盖了航班准点率、服务态度、客舱设施、餐饮品质、行李托运等关键指标。同时,对部分旅客进行了现场访谈,以获取更深入的反馈。

三、调查结果

航班准点率:调查显示,某航空公司第一季度航班准点率较高,达到了95%,得到了大部分旅客的认可。但仍有5%的旅客表示航班存在延误情况,建议公司进一步优化航班调度和地面服务流程。

服务态度:在服务态度方面,87%的旅客对××航空公司的空乘人员和地面服务人员表示满意,认为他们热情、专业、有礼貌。但也有8%的旅客反映部分服务人员态度冷漠或不够耐心,建议公司加强服务培训和监督。

客舱设施:客舱设施方面,84%的旅客对××航空公司的座椅舒适度、空调温度等表示满意。但也有11%的旅客反映座椅空间较小,建议公司考虑提升座椅舒适度和空间布局。

餐饮品质:在餐饮品质方面,90%的旅客对××航空公司的餐食表示满意,认为品种丰富、口味多样。但也有7%的旅客反映餐食口感不佳或种类单一,建议公司优化餐饮搭配和口味选择。

行李托运:行李托运方面,94%的旅客对××航空公司的行李托运服务表示满意,认为流程顺畅、速度快。但也有3%的旅客反映行李破损或丢失问题,建议公司加强行李托运环节的监管和赔偿机制。

四、调查结论与建议

结论:本次调查显示,某航空公司第一季度旅客满意度整体较高,但仍存在一些需要改进的问题。特别是在航班准点率、服务态度、客舱设施、餐饮品质和行李托运等方面,仍有部分旅客表示不满或提出建议。

建议:

(1)优化航班调度和地面服务流程,提高航班准点率;

(2)加强服务培训和监督,提升服务人员的专业素养和服务态度;

(3)改善座椅舒适度和空间布局,提升客舱设施品质;

(4)优化餐饮搭配和口味选择,提升餐饮品质;

(5)加强行李托运环节的监管和赔偿机制,降低行李破损或丢失率。

五、结语

本次旅客满意度调查为某航空公司提供了宝贵的反馈和建议。公司将认真听取旅客意见,积极改进服务质量,提升旅客满意度。同时,也希望广大旅客继续支持某航空公司,共同推动航空业的繁荣发展。

【简述】

这篇调查报告首先明确界定了调查的背景与目的,采用了科学有效的调查方法,通过问卷调查和现场访谈相结合的方式,全面搜集了旅客对某航空公司第一季度服务的满意度数据。在呈现调查结果时,报告清晰列出了各个关键指标的满意度百分比,并辅以旅客的具体反馈,使结论更加真实可信。调查结论与建议部分针对性强,提出了切实可行的改进方案。整篇报告结构严谨、逻辑清晰、语言准确,是一份不错的调查报告范例。

五、述职报告

(一)述职报告的含义和作用

述职报告,顾名思义,就是陈述职责和工作的报告。它是对个人或团队在特定时间段内履行职责、完成任务、取得成果等情况进行全面、客观、准确的反映和总结。通过述职报告,可以向上级或相关组织展示工作进展、存在的问题以及改进措施,以便更好地推动工作的顺利进行。

述职报告不仅是对个人或团队工作进展和成果的清晰呈现,使上级和相关组织能够准确把握工作动态和方向;同时,它也是展示专业能力和工作成绩的平台,有助于提升个人或团队在组织中的形象和地位。此外,述职报告还是对工作问题和不足的深入反思,为未来的工作提供改进方向。更重要的是,它促进了上下级之间、部门之间的沟通与合作,增进了相互了解和信任,推动了工作的协调与发展。

(二)述职报告的写法

1.标题

标题应简明扼要地概括报告的主题,如“××××年度个人述职报告”或“××部门××××年度工作述职报告”。

2. 引言

引言部分简要介绍报告的背景、目的和意义，为后续内容的展开做好铺垫。

3. 工作内容概述

详细介绍个人或团队在报告期内的主要工作内容、任务分配及完成情况。可以按照时间顺序或工作性质进行叙述，确保内容全面、条理清晰。

4. 成绩与亮点

重点突出个人或团队在工作中取得的成绩和亮点，用具体数据和事实进行支撑，增强说服力。

5. 存在问题与不足

客观分析工作中存在的问题和不足，深入剖析原因，提出改进措施和建议。这部分内容应真实、具体，避免空洞和泛泛而谈。

6. 未来工作计划

根据当前工作进展和存在的问题，制订切实可行的未来工作计划，明确工作目标和方向。

7. 结束语

对报告进行简要总结，表达对个人或团队未来工作的信心和决心，同时感谢上级或相关组织的支持与帮助。

【范例9】

民航干部述职报告

各位领导、各位同事：

今年9月，我荣幸地被任命为局综合办公室主任，同时兼任机场公司总经理助理及航管中心党支部书记。在此之前，我在空管岗位上积累了多年宝贵经验。无论是在之前的航管工作还是现在的新岗位上，我都始终以兢兢业业的态度对待每一项任务，尽心尽力完成领导交付的各项职责。面对角色转变带来的挑战，我及时调整思路与方法，在各位领导和同事们的悉心指导和支持下，取得了显著进步。今天，我将就自己在思想政治表现、学习提升、工作实践等方面的情况向大家作一汇报，并分享在此过程中积累的经验教训以及对未来的规划。衷心希望得到大家宝贵的建议与批评指正，共同促进我的成长与发展。

一、在思想理论学习方面，我始终坚持深入学习马克思主义、毛泽东思想、邓小平理论以及江泽民和胡锦涛同志在新时期的重要讲话精神，深刻领会党的文件要求；同时，认真学习党和国家的各项方针政策，紧跟民航上级文件与领导指示精神，不断提升自身的

理论水平与政策理解能力。作为航管中心党支部书记，我时刻以共产党员的标准严格要求自己，坚持自重、自省、自律、自励的原则，努力成为党员和同事们的表率。通过持续的学习与思考，我的思想觉悟和政策水平得到了显著提升。在日常工作与生活中，我严格遵守各项规章制度，乐于奉献，尊重每一位领导，并且密切联系群众，始终从大局出发，设身处地为员工着想，积极解决实际困难。我始终保持谦虚谨慎的态度，胸怀坦荡，积极参与社会公益活动，维护社会公德，致力于成为一名新时代优秀的公民和社会成员。在此过程中，我深刻体会到，只有不断加强自身建设，才能更好地履行职责，服务广大人民群众。未来，我将继续保持这种良好的工作态度与作风，不断提高自我，争取在新的岗位上取得更大的成绩。希望各位领导和同事继续给予支持与指导。

二、在过去的一年里，我认真履行岗位职责，致力于业务和技术知识的学习，不断提升个人的管理技能和综合素质，以确保既定工作目标的实现。年初签订的四项责任制目标以及上级交付的各项任务均圆满完成，并且取得了一定的成绩。办公室和航管中心的工作责任重大，对业务技术的要求也很高，要出色地完成这些工作，不仅需要优良的政治修养、良好的心理素质、强大的团队精神，还需要具备扎实的业务知识、出色的管理技巧及高效的协调沟通能力。

为了更好地适应新角色，我在调任至办公室后积极投入到学习中，利用所有可以利用的时间进行自我提升。除了深入研究业务文件、技术规范、操作流程及相关法律法规外，我还广泛阅读了管理类书籍，以此来充实自己的理论基础。此外，我也从身边的领导和同事身上学到了很多宝贵的经验。与各级领导、相关部门及合作单位的频繁交流让我有机会近距离观察他们的领导风格和管理艺术，这对我个人的成长有着不可估量的影响。同时，我深信“三人行必有我师”，每位同事都有其独特之处值得我去学习借鉴。无论是管理上的权威、业务上的专家还是科技领域的尖兵，甚至是文笔流畅或口才出众的人士，他们都是我的良师益友，通过不断向他们虚心求教，我得以不断提高自身能力和工作效率。

在管理工作方面，我认为最重要的是能够针对发现的问题和潜在隐患提出切实可行的解决方案。这种解决问题的能力不仅是个人成长的关键所在，也是推动整个团队共同进步的重要因素。为此，在实际工作中，我们总是鼓励大家集思广益，共同探讨如何改进和完善现有的体系结构。

今年，在市委市政府及相关职能部门、民航局等上级单位的正确领导下，在××航空兵航行处、××空管站等多个外部协作机构的支持配合下，再加上全体员工的共同努力，我们克服了重重困难，充分发挥出集体和个人的积极性与创造力。通过发扬识大体顾大局的精神，坚持以人为本的原则，实现了安全、优质、高效的服务目标。特别是在空管业务运行、设备维护等方面，我们采取了一系列符合行业标准的有效措施，成功达成了预期的安全与经济效益双丰收的目标。

自调入新岗位以来，我始终保持着谦虚好学的态度，在原有良好工作氛围的基础上，迅速适应了新的环境。遵循“安全第一，预防为主”的方针，我们将这一理念贯穿于日常工作的每一个环节之中。例如，在航管中心，我们加强了全员的安全意识教育，定期组织各种形式的安全培训活动，如每月一次的安全日、每周一次的安全讲评会等，以此来强化员工对安全生产重要性的认识。这样的做法已经成为我们的常规操作模式之一，极大地促进了安全文化的建设与发展。

与此同时，我们也非常重视规章制度的建设和完善。根据本场的实际需求，在不违背基本原则的前提下，对现有制度进行了适当调整优化，使之更加科学合理。这样做不仅提高了工作效率，还最大限度地发挥了人力资源与物力资源的作用。在整个过程中，我们得到了市民航局领导及上级部门的大力支持与帮助，也获得了来自各方的高度认可。

总之，过去一年里，无论是面对挑战还是机遇，我们都以饱满的热情、坚定的信心迎接每一天。未来，我将继续带领团队成员一起努力奋斗，争取在新的一年里创造更多辉煌成就！

三、加强修养，时刻注意自我约束。在办公室和航管中心的工作中，我时刻铭记自己是××民航大家庭的一员，代表着民航局的形象。因此，在与上下级、各业务部门及运行单位的广泛联系中，我始终注重自我修养与行为规范。面对上级机关和各级领导时，保持谦虚谨慎的态度，尊重并服从指示；对待同事，则坚持严于律己、宽以待人的原则；对外交往时，秉持坦诚正直、自尊自爱的精神。简而言之，无论身处何境，我都力求做到：对上不轻慢，体现尊敬；对下不张狂，展现亲和；对外不卑不亢，也不过分张扬，维护自身尊严；对内则平易近人而不失威信，通过言行举止积极塑造正面形象，共同维护民航局的整体声誉。

综合各方面的表现，我认为自己尽心尽力、辛勤付出，可以说总体上是称职的，所作所为无愧于心、无悔于行、无怨于人。然而，我也清楚地认识到自身仍存在不足之处，这将是我今后努力的方向。首先，我需要不断提高知识水平，持续加强学习。特别是在面对工作中可能出现的问题和困难时，要注重从全局出发，增强工作的预见性和前瞻性。我会努力学习新知识、新技能，紧跟时代步伐，始终保持强烈的忧患意识，以应对不断变化的挑战。其次，我要戒骄戒躁，进一步改进工作作风和领导艺术。在工作中继续保持勤奋的态度，不断提升自身的综合素质，以实际行动回报领导和同事们的信任与支持。最后，我要保持积极进取的心态，发扬已有的成绩，为蒸蒸日上的民航事业贡献更多力量。无论是现在还是未来，我都将全力以赴，为推动民航事业的发展添砖加瓦，确保每一

项工作都能达到更高的标准，不负众望。通过这些努力，我相信能够更好地服务于民航事业，实现个人价值和社会价值的双重提升。

以上报告，请领导、同事们批评指正，由于本人力所不能及而致工作不到位的地方请给予整改提高的机会。在此迎新辞旧之际，向一贯关心、支持和帮助我的各位领导、同事们表示最诚挚的谢意！

【简析】

这份述职报告结构清晰、条理分明，既有对过去一年工作的详细总结，又有对未来的展望与自我要求，充分展示了作者的工作成果和态度。同时，报告语言准确、简洁，既体现了专业性，又不失可读性。但是，报告可能过于注重事实陈述，对于工作中的亮点和创新点缺乏深入的挖掘和描述，使得报告在展现个人独特价值方面略显不足。

第四节　民航常用礼仪类文书

一、邀请信

（一）邀请信的含义和作用

邀请信是向受邀人发出的一种正式邀请函，用于邀请受邀人参加某项活动、会议、庆典、聚会或其他特殊场合。邀请信通常会明确说明活动的时间、地点、内容以及对受邀人的期望。

邀请信可以向被邀请人传递关于活动或事件的具体信息，确保他们能够准确了解并做好准备。同时，邀请人也可以表达对被邀请人的真诚邀请和期待，增进彼此之间的友谊和信任。此外，邀请信还有助于确保活动或事件的参与人数和营造正式、庄重的氛围，提升活动的声誉和形象。

（二）邀请信的写法

1.标题

在邀请信的开头，可以明确地写上“邀请信”或者具体内容，如“活动邀请信”“商务邀请信”等。

2. 称呼

需写明被邀请人的姓名和尊称，例如“尊敬的×××先生/女士”。如果是邀请团体或组织，可以写“尊敬的×××团队/组织”。

3. 正文

在正文部分，首先要清楚地表明邀请的意图和目的。例如，你可以写明邀请对方参加某个活动、会议或宴会等。接着，你需要详细说明活动的时间、地点、具体安排等。如果是商务邀请，还需要说明活动的背景和目的，以及被邀请人在活动中的角色和重要性。此外，你还可以适当地表达对被邀请人的尊重和期待，例如“我们非常期待您的出席，相信您的参与将为活动增添更多光彩”。

4. 结尾

在结尾部分，你需要再次表达邀请的诚意，并请对方确认是否接受邀请。同时，提供你的联系方式，方便对方与你取得联系。

5. 落款

写明邀请人的姓名、单位或组织名称，以及邀请信的日期。

【范例10】

邀请函

尊敬的×××贵宾：

您好！

在这春意盎然、万物复苏的美好时节，我们怀着无比激动的心情，向您发出诚挚的邀请。值此××航空公司成立30周年之际，我们将举行一场盛大的庆典活动，以回顾过去、展望未来，并表达对您一直以来对我们公司的支持与厚爱的深深感谢。

三十年来，××航空公司秉承“安全第一、服务至上”的宗旨，不断努力提升服务质量，为广大旅客提供安全、舒适、便捷的航空旅行体验。在此过程中，我们深知您的信任与支持是我们不断前行的动力源泉。因此，我们特别邀请您作为VIP贵宾，共同见证这一历史性的时刻。

庆典活动将于××××年××月××日，在××国际会议中心隆重举行。届时，我们将安排精彩的文艺表演、公司发展历程回顾以及未来发展规划的分享等环节。同时，我们还为各位贵宾准备了精美的礼品和丰富的美食，以表达我们的感激之情。

您的出席将为这次庆典活动增添无尽的荣耀与光彩，我们深感荣幸。在此，我们诚挚地邀请您莅临庆典现场，与我们共同庆祝这一难忘的时刻。如您有任何疑问或需求，请随时与我们联系，我们将竭诚为您提供服务。

最后，再次感谢您的支持与信任，期待在庆典现场与您相见！

此致

敬礼！

××航空公司

××××年××月××日

【简析】

这篇邀请信格式规范，语言庄重得体，首先强调了该航空公司成立30周年的重要性，然后诚挚地邀请贵宾参加庆典活动。信中不仅回顾了公司的发展历程，还突出了对贵宾长期支持的感谢，展现了公司的感恩之心。庆典活动的安排详尽周到，同时准备了精美的礼品和美食，体现了对贵宾的尊重和热情款待。整篇邀请信既传达了庆典的喜悦氛围，又展现了公司专业、诚挚的邀请态度，是一篇出色的邀请信。

二、感谢信

（一）感谢信的含义和作用

感谢信是向帮助、关心和支持过自己的集体或个人表示感谢的专用书信，有感谢和表扬双重意思。写感谢信既要表达出真切的谢意，又要起到表扬先进、弘扬正气的作用。它广泛应用于个人与个人之间、个人与组织之间、组织与组织之间，用以向给予自己帮助、关心和支持的对方表示感谢。

感谢信最直接的作用就是向对方表达谢意。无论是个人还是组织，当受到他人的帮助、关心或支持时，通过写一封感谢信，可以真诚地表达内心的感激之情，让对方感受到自己的诚意和谢意。也可以增进彼此之间的友谊和信任，使关系更加紧密。这对于个人之间的交往以及组织之间的合作都具有积极的推动作用。感谢信还具有弘扬正气的作用。当某人或某组织做出值得赞扬的善举时，通过写感谢信对其进行表彰和肯定，可以激发更多人的正能量，传递积极向上的社会价值观。

（二）感谢信的写法

1. 标题

感谢信的标题可以直接写“感谢信”三字，也可以采用“致×××的感谢信”这样的形式，以明确感谢的对象。或者由感谢双方和文种名称组成，如《××公司致××机场的感谢信》。

2. 称呼

在感谢信的开头，需要明确写出被感谢方的称呼。如果感谢的对象是个人，可以称呼其姓名或加上尊称，如“尊敬的×××先生/女士”；如果感谢的对象是组织或团体，可以写上其全称或简称，如“尊敬的×××公司”。

3. 正文

（1）开头部分：在正文开头，先简要说明写感谢信的原因，即为什么要写这封感谢信。可以提及受到对方帮助、关心或支持的具体事件或情境，表达出自己深深的感激之情。

（2）中间部分：详细叙述对方的帮助、关心或支持的具体内容和过程。可以描述对方的善举如何给自己带来了帮助，解决了什么问题，或者带来了哪些积极的影响。同时，可以适当表达自己的感受，如感动、欣慰、开心等。

（3）结尾部分：在正文结尾，再次向对方表达感谢之情，并表明自己今后会继续努力，不辜负对方的期望。同时，可以提出希望保持联系、继续交流等愿望，以加强彼此之间的情感联系。

4. 落款

在感谢信的最后，需要写上自己的姓名或代表的单位名称，并注明写信的日期。这样可以让对方知道感谢信的来源和发送时间。

5. 注意事项

写作感谢信时，语言要真挚、诚恳，避免过于华丽或夸张的言辞。

要注意书写规范，字迹清晰，避免出现错别字或语病。

根据不同的感谢对象和情境，可以适当调整感谢信的内容和语气，以更好地表达自己的感激之情。

【范例11】

感谢信

中国××学院：

在党中央的亲切关怀和国务院大型飞机重大专项领导小组的正确领导下，得益于贵院的大力支持与精心指导，2017年5月5日，我国自主研发的C919大型客机在上海成功完成了首飞。这一成就不仅是以习近平同志为核心的党中央坚强领导下的重要成果，更是中国航空工业发展历程中的一个里程碑。

C919的成功首飞凝聚了几代航空人的不懈努力与探索，体现了全国各相关领域团结协作、共同奋斗的精神。它标志着我国在民用大飞机制造领域取得了历史性突破，展示了中国在高端装备制造领域的实力和技术水平。此次成功不仅增强了民族自豪感，也为我国航空工业的未来发展打下了坚实基础，开启了中国民航事业的新篇章。这一辉煌成就将激励更多科技工作者继续攻坚克难，推动我国航空工业迈向新的高峰。

中国××公司成立以来，贵院高度重视、大力支持大型客机项目研制和公司发展建设，给予了公司全面的指导和帮助，有力推动了项目研制工作。在此，向贵院长期以来的关心、支持和帮助表示衷心感谢和崇高敬意！

中国××商用飞机有限责任公司

20××年××月××日

【简析】

这篇感谢信是中国商用飞机有限责任公司写给中国民用航空飞行学院的，旨在表达对其在C919大型客机成功首飞中所给予的大力支持和指导帮助的感激之情。信中首先强调了C919首飞成功是在党中央的关怀和国务院的正确领导下取得的重大成就，突出了这一事件对我国航空工业发展的里程碑意义。接着，信中特别提到了中国民用航空飞行学院对中国商飞公司大型客机项目研制和公司发展建设的高度重视、大力支持和全面指导，认为这些帮助对推动项目研制工作起到了重要作用。最后，中国商用飞机有限责任公司以正式和诚挚的措辞，表达了对中国民用航空飞行学院长期以来的关心、支持和帮助的衷心感谢和崇高敬意。整篇感谢信结构清晰、语言庄重，体现了对合作伙伴的尊重和感激之情。

三、慰问信

（一）慰问信的含义和作用

慰问信是一种表达关怀与支持的正式信函，通常由机关或个人以组织或个人名义发出，旨在向处于特殊情况下（如遭遇战争、自然灾害、事故等）或在重要节日期间的收信人传递问候和鼓励。这类信件可以分为两类：一类用于表达同情与安慰，在对方经历困难时提供精神上的支持；另一类则是在节日之际向收信人致以美好的祝愿。

撰写慰问信时，语气应当真诚而温暖，措辞需得体，体现出发信人对收信人情况的深刻理解和真挚关心。对于希望事项的表述应合理且具有建设性，避免给收信人带来额外的压力。同时，在提供安慰或激励时要注意把握好分寸，既不过于沉重也不显得轻浮，确保信息能够给予收信人正面积极的影响。通过这样一封精心准备的慰问信，不仅能够加深双方之间的情感联系，还能有效地传达出组织或个人之间的团结互助精神。

慰问信的主要作用是向受困或受伤的人表达关心和同情。它可以让接收者感受到来自外界的温暖和支持，减轻他们的痛苦和孤独感。还可以向接收者传递正能量和鼓励，帮助他们树立信心，勇敢面对困难。这种积极的心态对于个人的恢复和重建至关重要。慰问信还具有弘扬社会风尚的作用。它体现了人类社会的互助精神和人文关怀，传递了社会的正能量和温暖。通过慰问信，我们可以倡导更多的社会成员关注弱势群体，

共同营造和谐、友善的社会氛围。

(二)慰问信的写法

1. 标题

在第一行正中写“慰问信”三个字，如果写成“×××致×××慰问信”，那么“慰问信”三个字可移至第二行写在中间。

2. 称呼

另起一行，顶格写受慰问的单位或者个人的称呼。写单位要写全称；写个人，要在姓名之后加上称呼如“同志”“先生”“师傅”之类，后边用冒号。在个人姓名前边，往往还要加上“敬爱的”“尊敬的”“亲爱的”等字样，以表示尊重。

3. 正文

(1)简要文字讲述原因、背景，提起下文。

(2)较全面具体地叙述事实、表示慰问或学习。

(3)结合形势提出希望，表示共同的愿望和决心，以勉励的话结束全文。

(4)注意在叙述事实时要真实、准确，语言要亲切、自然，感情要真挚、诚恳。

4. 结尾

另起一行，空两格写一些鼓励和祝愿的话，如“祝早日康复”“工作顺利”等。

在正文后面或是另起一行空两格写“祝”“此致”，然后在下一行顶格写“节日愉快”“取得更大的成绩”“敬礼”等。

5. 署名和日期

写在右下角，先写姓名，在姓名下写日期。

【范例 12】

慰问信

民航各地区管理局，局属各单位：

夕阳无限好，人间重晚晴。在中华民族传统节日“重阳节”到来之际，向民航离退休老同志及家属致以节日的祝福和诚挚的问候！

今年以来，在以习近平同志为核心的党中央坚强领导下，民航业全面贯彻落实党的二十大精神，坚决执行党中央、国务院的各项决策与部署。全行业深入开展了习近平新时代中国特色社会主义思想的学习教育活动，有效地平衡了安全生产与业务恢复之间的关系。通过全体人员的共同努力，民航业不仅保持了总体的安全稳定运行态势，而且运输生产实现了全面复苏，改革成果日益显著。特别是在暑期以及中秋国庆假期期间，国内旅客运输

量达到了历史最高点，展现了增长势头。这些成就的取得，既体现了民航从业人员的不懈努力和奉献精神，也离不开老一辈民航工作者长期以来给予的支持与帮助。

习近平总书记始终对广大老干部怀有深厚的感情，并高度重视老干部工作，多次作出重要指示和批示，为新时代的老干部工作指明了方向。民航局党组认真学习并贯彻习近平总书记关于老干部工作的重要论述及指示精神，始终坚持老干部工作的政治属性，致力于在政治上尊重、思想上关心、生活上照顾、精神上关怀每一位老同志，力求将老干部工作做到最好、最细致。

民航系统的老同志们珍惜自己光荣的历史，不忘革命初心，始终保持坚定的政治立场，坚定不移地听党话、跟党走。他们在“不忘初心、牢记使命”主题教育、“六好”示范党支部创建等活动中发挥着独特的优势，积极建言献策，继续为党和人民的事业发光发热。这些老同志不仅以身作则，传承红色基因，还通过自身的丰富经验和智慧，激励他们继承优良传统，勇担时代重任。

民航局将继续深入落实党中央关于老干部工作的各项要求，不断创新和完善服务管理机制，确保每一位老同志都能感受到组织的温暖与关怀，共同推动民航事业持续健康发展，同时也让老同志们的晚年生活更加丰富多彩。这种全方位的支持和服务体系，旨在构建一个充满敬意与关爱的老干部工作环境，让老同志们能够在安享晚年的同时，继续为社会贡献智慧和力量。

莫道桑榆晚，为霞尚满天。希望老同志们继续深刻领悟“两个确立”的决定性意义，增强“四个意识”、坚定“四个自信”、做到“两个维护”；继续关心支持民航事业，为推动民航高质量发展贡献智慧力量。民航各单位要高标准落实老同志的政治和生活待遇，精准服务、精细服务，推动老干部工作健康发展。

衷心祝愿民航老同志节日快乐、健康长寿、生活幸福！

中国民用航空局

20××年××月××日

【简析】

这篇慰问信在中华民族传统节日“重阳节”之际，向民航离退休老同志及家属表达了节日的祝福和诚挚的问候。信中回顾了民航行业在党中央的领导下取得的显著成绩，强调这些成绩的取得离不开老同志的大力支持。同时，信中引用了习近平总书记关于老干部工作的重要论述，表达了对老同志的尊重、关心和照顾。最后，寄望老同志继续发挥余热，关心支持民航事业，并要求各单位高标准落实老同志的政治和生活待遇。整篇慰问信语言亲切、情感真挚，既体现了对老同志的尊重和关怀，也展现了民航局对老干部工作的重视和推动民航事业高质量发展的决心。

第五节　民航常用职场应用文书

一、求职信

（一）求职信的含义和作用

求职信是求职者向招聘单位投递的一种书面申请，用于表达求职者对招聘岗位的兴趣和适应能力，以及向招聘单位展示自己的能力和优势，进而争取面试机会的一种沟通方式。

通过求职信，求职者可以向招聘单位展示自己的专业技能、工作经验、性格特点等优势，使招聘单位对求职者有一个初步的了解。一封好的求职信可以吸引招聘单位的注意力，让他们对求职者产生浓厚的兴趣，从而增加获得面试机会的可能性。简历往往难以全面展示求职者的能力和经历，而求职信则可以作为简历的补充，更全面地展示求职者的个人情况和求职动机。

（二）求职信的写法

1. 标题

在求职信的开头，可以写上“求职信”或“应聘信”等字样，以明确信件的性质。

2. 称呼

在标题下方，写上对招聘单位的称呼，如“尊敬的招聘经理”“尊敬的公司领导”等。

3. 正文

正文是求职信的主体部分，应该简洁明了地介绍自己的基本情况、求职动机、个人能力和优势等。同时，还可以根据招聘单位的需求和招聘职位的要求，有针对性地展示自己的相关经验和技能。在写作时，要注意使用正式、专业的语言，避免使用口语化、随意的表达方式。

4. 结尾

在正文结束后，可以写上一些感谢的话语，如“感谢您抽出宝贵的时间阅读我的求职信”“期待您的回复”等。同时，还可以附上自己的联系方式，以便招聘单位与自己取得联系。

5.署名和日期

在求职信的右下角，写上自己的姓名和日期。注意要使用正式的署名方式，如“此致”“敬礼”等。

【范例13】

自荐信

尊敬的中国民航局领导：

您好！衷心地感谢您在百忙之中垂阅我的自荐信，在投身社会之际，为了能够跻身于民航事业，谨向各位领导做自我推荐。

我叫××，是中国民航飞行学院交通运输专业的20××届毕业生，大学期间，勤奋努力，无挂科等不良记录，曾获“星耀”奖学金等多次奖励。截至目前学习的57门课程中，有35门超过85分，其中23门在90分以上。一次性通过了大学英语六级考试(480分)公关英语四级和计算机二级考试。潜心学习专业课，获取均分87分，年级排名前三。同时在课余时间，了解行业相关知识，拓展了自己的专业知识，相信能为今后的职业生涯打下良好基础。

学习之余，在担任班干部、大学生记者团副团长的过程中，锻炼了自己与人沟通协调的能力。同时积极参加社会组织“思宇计划”支教活动、“麦田计划”等志愿者活动，凭借着自己的热情和踏实严谨的态度，也获得了团队的认可。

恳请贵单位给我一个机会，谦虚求教和奋斗不止将是我对您的承诺。相信我一定不会让您失望！

此致

敬礼！

自荐人：××

20××年××月××日

【简析】

这份自荐信首先在开头部分就明确地表达了对用人单位的敬意和感激，接着通过自我介绍，简洁明了地展现了其教育背景、学术成绩和个人荣誉，充分证明了自己的专业素养和学习能力。其次，在描述实践经验时，求职者不仅提到了自己的社团职务，还详细介绍了参与的志愿者活动，这既展示了其组织协调能力和团队合作精神，也体现了其社会责任感和奉献精神。最后，求职者在结尾部分以诚恳的态度表达了对民航事业的热爱和对未来的承诺，进一步增强了自荐信的说服力。整篇自荐信逻辑清晰，内容充实，语言简洁明了，格式规范，是一份高质量的自荐信。

二、简历

(一)简历的含义和作用

简历是求职者用于申请工作的一种书面材料,用于向招聘单位展示个人的教育背景、工作经历、技能特长和个人特点等信息的概要文档。它是有针对性的自我介绍的一种规范化、逻辑化的书面表达。简历一般用于申请工作、实习、奖学金等,是求职者向招聘单位展示自己能力和优势的重要工具。

对于求职者来说,简历是求职过程中必不可少的一部分,它能够帮助求职者向招聘方展示自己的优势,让招聘方对自己产生好感,提高求职成功率。通过简历,招聘方也可以初步了解求职者的性格特点、工作态度、能力水平等,从而决定是否给予面试机会。

(二)简历的写法

简历一般包括以下几个方面:

1.个人基本材料

主要包括姓名、性别、出生年月、家庭住址、政治面貌、身高等,这些信息一般写在简历的最前面。

2.教育背景

介绍自己的学历情况,包括就读学校、所学专业、学位等。教育背景是招聘方了解求职者智力及专业能力水平的重要依据。

3.实习/工作经历

详细介绍自己的实习/工作经历,包括从事的职位、工作内容、工作成果等。实习/工作经历是招聘方评估求职者工作能力的重要参考。

4.技能与特长

介绍自己的技能和特长,如外语能力、计算机技能、专业技能、驾驶技能、文艺体育等。这些技能特长能够展示求职者的个性和能力,增加简历的吸引力。

5.获奖情况

列举自己在校期间或工作中获得的荣誉和奖项,如三好学生、优秀团员、优秀学生干部、专项奖学金等。这些荣誉和奖项能够证明求职者的优秀和能力。

在写简历时,要注意突出自己的特点和优势,避免冗长和烦琐的描述。同时,要注意排版整洁、字体清晰、格式规范,以便于招聘方阅读和理解。

【范例14】

个人简历——简历表格

<table>
<tr><td colspan="5">中国民航飞行学院毕业生个人简历</td></tr>
<tr><td>姓名</td><td>XX</td><td>年龄</td><td>22岁</td><td rowspan="5">寸照</td></tr>
<tr><td>性别</td><td>女</td><td>民族</td><td>汉</td></tr>
<tr><td>籍贯</td><td>山西省临汾</td><td>政治面貌</td><td>预备党员</td></tr>
<tr><td>专业</td><td>交通运输</td><td>毕业院校</td><td>中国民航飞行学院</td></tr>
<tr><td>联系方式</td><td>XXXXXXXX</td><td>电子邮件</td><td>XXXXXXXX</td></tr>
<tr><td>教育背景</td><td colspan="4">20XX年9月至今，在中国民航飞行学院空中交通管理学院的交通运输专业学习，绩点3.7，平均分86分。</td></tr>
<tr><td>个人能力</td><td colspan="4">英语能力：
具有较强的英语听说读写能力，现已获得以下证书：
大学英语六级CET-6证书　公共英语四级PETS-4证书
大学英语四级CET-4证书　托业考试TOEIC获665分
雅思考试IELTS 6 分
计算机能力：
熟练使用Word Excel Powerpoint等office软件及Photoshop 部分功能，并获得国家计算机二级NCRE-2证书。
演讲主持写作能力：
多次主讲校团委邓研会组织的“时事月月谈”活动；多次参加演讲比赛，并在学校社科部举办的“牢记历史，强我中华”的演讲比赛中获三等奖；熟悉公文写作，有较强的语言表达能力，并获得普通话二级甲等证书。</td></tr>
<tr><td>个人荣誉</td><td colspan="4">2013年12月　获得“星耀奖学金”
2015年9月　获得“国家奖学金”
2014年6月　被聘为“大学生记者团副团长”
2013年5月　获得团学干部培训结业证书
2013年5月　被评为“优秀共青团员”
2015年5月　被评为“优秀团员”
2015年7月　被评为“三好学生”
2013年12月　被评为“中国志愿者”
2013年8月　获得“思宇计划凉山支教调研项目志愿者证书”
2013年12月　获得“麦田计划什邡分社最佳执着奖”</td></tr>
<tr><td>个人实践</td><td colspan="4">在校内参加了团委组织部，志愿者工作部，大学生记者团，工作期间充满热情，任劳任怨，勤奋好学，敢挑重担，具有很强的团队精神和协调能力，并为以后的工作打下坚实的基础。
在校外于2013年7月-8月参加了“思宇计划”的支教调研活动，并担任组长对“四川凉山地区宁南县景星乡小学校区建筑设施安全”进行调研；自2013年至今，多次参加民间助学机构“麦田计划”组织的走访贫困学生、发放资助款、图片展等一系列活动。</td></tr>
</table>

04　05

【简析】

本篇简历清晰、简洁地呈现了求职者的个人信息、教育背景、个人荣誉和实践经验。简历中不仅包含了求职者的基本信息，还着重强调了其在学术、语言、社会活动等方面的成就和经历。特别是个人荣誉和实践经验部分，通过列举具体的奖项和参与的活动，充分展示了求职者的能力和素质。同时，简历的语言表达准确、流畅，没有冗余和模糊之处，使人能够迅速了解求职者的优势和特点，从而有效地吸引招聘者的注意。

三、志愿书

(一)志愿书的含义和作用

志愿书是为向组织反映自己的真实情况，表达自己的愿望和决心而填写的一种书面凭证。它可以是个人的意愿表达，也可以是集体或组织的共同意愿的反映。

志愿书是个人向组织表达自己意愿和决心的一种方式，它可以让组织了解个人的想法和期望，从而更好地进行人员配置和安排。通过志愿书，组织可以更加深入地了解个人的基本情况、性格特点、能力特长等，从而更加准确地评估个人的适合性和发展潜力。

志愿书中通常会包含个人的承诺事项,这些承诺事项可以作为个人和组织之间的约定,明确双方的责任和义务,促进个人和组织之间的合作和共赢。

(二)志愿书的写法

1.标题

志愿书的标题应明确表达文书的性质,如“入党志愿书”“志愿服务志愿书”等。

2.称呼

志愿书的称呼应根据具体的对象而定,如“敬爱的党组织”“尊敬的志愿者服务中心”等。

3.正文

志愿书的正文应包括个人的基本情况、志愿动机、承诺事项等内容。在介绍个人基本情况时,应简要介绍自己的姓名、年龄、学历、工作经历等;在阐述志愿动机时,应明确表达自己的意愿和决心,以及为什么要加入该组织或参与该活动;在承诺事项时,应具体明确自己将要承担的责任和义务,以及达成目标的具体措施和时间安排。

4.结尾

志愿书的结尾应表达自己对组织的感激之情和对未来的期望,同时也可以表达对组织的祝福和感谢。

5.署名和日期

在志愿书的右下角,应写上自己的姓名和日期,以明确文书的作者和时间。

【范例15】

入党志愿书

敬爱的党组织:

我志愿加入中国共产党,怀着无比崇敬和谦卑的心情向党组织递交我的入党志愿书。

我叫×××,今年××岁,拥有××学历。我自××年参加机务工作以来,深受党的培养和关怀,从工作岗位上深刻领会了党的关怀和指引对于个人和企业的重要性。我一直将党的宗旨理念融入工作和生活中,努力发挥自己在机务工作岗位上的作用。在平凡的岗位上,我始终以党员标准严格要求自己,积极履行自己的职责,努力为国家民族的繁荣昌盛贡献自己的一份力量。

加入中国共产党,是我一直以来的愿望,我的志愿动机主要有以下几点:首先,作为一名机务工作者,我深刻感受到党的领导对于行业及企业的重要性,我希望通过加入党

组织，更好地发挥自己的作用，为企业的改革发展贡献自己的力量。其次，我希望通过党组织的教育和培养，进一步提高自己的思想觉悟和业务能力，为更好地服务于客户、为民航事业的发展做出更大的努力。最后，我愿意为党和人民的事业奋斗终身，在平凡的岗位上，努力践行共产主义信念，做一名合格的党员。

为了实现自己加入党组织的愿望，并为之付诸实际行动，我做出以下承诺：我将严格遵守党的章程和纪律，始终做到为党育人、为国育才，时刻牢记党的宗旨，不断提高政治觉悟和业务能力。同时，我会继续努力提高自己各方面素质，不断学习党的知识，加强自身修养，积极参加各项党组织安排的活动，并且努力履行党员的职责和义务，为党的事业贡献自己的一份力量。

加入中国共产党是我毕生的荣幸，更意味着我将以更高更远的要求，更加严格地要求自己。我决心永远做共产党员的忠诚信徒，为实现中华民族伟大复兴的中国梦而奋斗终身！

请组织放心接纳，谨向各位领导和党组织表示诚挚的敬意！

此致

敬礼！

×××

20××年××月××日

【简析】

这篇入党志愿书结构清晰，内容充实，表达了申请人坚定的政治立场和入党动机。申请书首先介绍了申请人的基本情况和职业背景，然后详细阐述了加入中国共产党的理由和动机，包括个人对党的理解和认同、希望通过党组织教育提升自己以及为党和人民事业奋斗的决心。接着，申请人作出了具体承诺，表达了自己将如何以实际行动践行党员职责和义务。最后，申请人以诚挚的态度表达了对党组织的敬意和接纳的期望。整篇志愿书逻辑严谨，语言规范，展现了申请人良好的政治素质和坚定的理想信念。

四、申请书

（一）申请书的含义和作用

申请书是个人或集体向组织、机关、企事业单位或社会团体表述愿望、提出请求时使用的一种文书。它是一种专用书信，使用范围广泛，无论是表达志愿、理想和希望，还是提出工作、生产、学习、生活等方面的请求，都可以使用申请书。

通过申请书，可以加强上下级之间、集体与个人之间的沟通和联系，促进信息的传递和交流。申请书也是争取组织和领导帮助与批准的重要工具，通过申请书，可以请求组织或领导给予自己或下级所需的支持和资源。

（二）申请书的写法

1.标题

标题应明确表达申请书的性质和内容，如“入党申请书”“调换工作申请书”等。

2.称谓

在标题下方，顶格写明接受申请书的单位、组织或有关领导的名称，并在后面加上冒号。

3.正文

正文部分是申请书的主体，首先提出要求，其次说明理由。理由要写得客观、充分，事项要写得清楚、简洁。同时，要注意分段和条理性，以便阅读者能够快速理解自己的请求和理由。

4.结尾

在正文结束后，可以写明惯用语如“特此申请”“恳请领导帮助解决”“希望领导研究批准”等，也可以用“此致”“敬礼”等礼貌用语。

5.署名和日期

在申请书的右下角，应写明申请者的姓名或单位名称，并注明日期。如果是单位申请，还需要加盖公章。

在编写申请书时，应注意申请的事项要写清楚、具体，涉及的数据要准确无误。理由要充分、合理，实事求是，不能虚夸和杜撰，否则难以得到上级领导的批准。语言要准确、简洁，态度要诚恳、朴实，以便阅读者能够快速理解并产生共鸣。

【范例16】

转正申请书

尊敬的领导：

您好！

本人自××××年××月加入公司开始实习工作，在此期间，我深刻地理解到成为一名合格的乘务员所需要承担的责任和义务，并且充分认识到这一职业的特性和要求。因此，我郑重地提出转正申请，希望能够得到公司的认可和支持。

首先，我在工作岗位上始终秉持工作守则，尽职尽责，有条不紊地完成各项工作。我严格要求自己，保持良好的职业操守，时刻注意言行举止，维护了公司形象。同时，我注重团队协作，乐于助人，与同事之间的合作与沟通以及对乘客的服务更显得得心应手。

其次，我一直在不断地学习、改进和提升自己。我注重专业知识的学习和积累，不断提高自己的业务水平。同时，我还积极参与公司组织的各项培训和学习活动，努力提升自己的综合素质，以更好地适应工作和生活的需求。

最后，我对自己未来的工作和发展充满信心。我会继续保持良好的工作状态，不断提升自己的工作技能和服务意识，提高服务品质，更好地满足公司和乘客的需求。

在此，我真诚希望领导能够审慎考虑我的转正申请，我会以更加饱满的热情、更加务实的态度，不断努力，为公司的发展贡献出自己的力量。我为能在这个大家庭里工作而感到自豪，我相信在公司的大力支持和培养下，我会为公司的发展努力拼搏，为实现个人价值作出更大的贡献。

衷心感谢领导对我的关注和支持，期待领导批准我的转正申请，并向公司表示最诚挚的谢意。

此致

敬礼！

申请人：×××

20××年××月××日

【简析】

在这篇申请书中，申请人首先简要回顾了自己的实习经历，接着详细列举了自己在工作中的表现，包括职业操守、团队协作以及不断学习和提升自我等方面，充分展现了其专业能力和积极的工作态度。在申请转正的表述中，申请人不仅表达了对公司文化的认同和对未来工作的信心，还表达了对领导关注和支持的感激之情，整体语言流畅、条理清晰，态度诚恳，是一篇符合应用文写作规范且内容充实的申请书。

>>> >>> 第六章

民航其他专用文书

学习目标

知识目标：掌握民航各类文书的基本格式、撰写要点及语言表达技巧，理解文书的结构与内容，熟悉文书写作方法和要求，了解民航各类文书的编写目的、内容和作用，掌握各类文书的编写方法。

能力目标：能够根据实际情况编写准确、规范的民航文书，能够独立完成飞行日志的填写。学会编写事故分析报告，包括事故发生的背景、原因、过程、影响及改进措施等，能够运用科学的方法分析事故原因，提出有效的预防措施。能够熟悉并遵守相关手册的规定，确保民航工作的顺利进行。能够准确记录工作内容，及时反馈相关信息。

思政目标：在党的二十大精神的指引下，掌握应用文写作的一般技巧，了解应用文写作领域的必备知识，更灵活、更准确地处理生活、工作中遇到的各类应用文写作问题。

思维导图

民航广播词

- 民航广播词的特点
- 民航广播词的基本格式和内容
- 民航广播词的适用情境
- 民航广播词的注意事项

飞行日志

- 飞行日志的特点
- 飞行日志的基本格式和内容
- 飞行日志的适用情境
- 飞行日志的注意事项

事故分析报告

- 事故分析报告的特点
- 事故分析报告的基本格式和内容
- 事故分析报告的适用情境
- 事故分析报告的注意事项

民航各类手册

- 民航手册各层级种类
- 民航手册的特点
- 民航手册的基本格式和内容
- 民航手册的适用情境
- 民航手册的注意事项

民航警务文书

- 民航警务文书的特点
- 民航警务文书的常见种类
- 民航警务文书的基本格式和内容
- 民航警务文书的适用情境
- 民航警务文书的注意事项

其他特殊事项报告单

- 特殊事项报告单常见种类
- 特殊事项报告单的特点
- 特殊事项报告单的基本格式和内容
- 特殊事项报告单的适用情境
- 特殊事项报告单的注意事项

第一节　民航广播词

一、民航广播词的特点

(一)规范性

广播词遵循严格的行业标准和规范,确保信息的准确性和客观性。例如,安全提示和紧急情况下的广播词都有固定的模板和用语,以便乘客能够迅速理解并采取相应的行动。

(二)服务性

广播词以乘客为中心,提供周到的服务信息,确保乘客在飞行过程中能够享受到舒适和便捷的服务。这包括餐食服务、娱乐设施使用、洗手间位置等信息的提供。

(三)即时性

广播词需要在短时间内传达重要信息,确保乘客能够及时了解飞行状态和相关提示。因此,广播词需要简洁明了,突出重点。

二、民航广播词的基本格式和内容

(一)基本格式

1. 开头问候

通常以“女士们,先生们”作为开头,表示对乘客的尊重和问候。

2. 内容说明

接着是具体的广播内容,可能包括飞行状态、安全提示、服务介绍等。

3. 结尾提醒

广播词的结尾通常会有一些提醒或建议,比如“如果您需要任何帮助,请随时与我们联系”等。

(二)广播词常见基本内容

1.航班信息

广播词首先会通报航班的起飞、降落信息,包括航班号、起飞时间、目的地等,让乘客了解当前的飞行状态。

2.安全提示

安全是飞行的首要任务,广播词中会包括安全提示,如紧急出口的位置、氧气面罩的使用方法、救生衣的穿戴等。在起飞、降落或遇到颠簸时,也会特别提醒乘客注意安全。

3.服务介绍

广播词还会介绍机上的服务设施,如餐食服务、饮料服务、娱乐设施等,让乘客了解并享受这些服务。

4.特殊情况告知

如遇天气变化、机械故障等特殊情况,广播词会及时通知乘客,并告知应对措施,以消除乘客的疑虑和不安。

5.礼仪性问候

在航班的不同阶段,广播词还会以礼仪性的方式向乘客问候,如登机时的欢迎词、降落时的感谢词等,营造温馨和谐的飞行氛围。

6.重要通知

如遇到紧急情况或需要乘客配合的事项,广播词会及时传达相关通知,确保乘客能够迅速作出反应。

【范例1】

尊敬的女士们,先生们:

(欢迎乘坐天合联盟成员中国南方航空[航班号]航班前往[目的地]。飞行时间为[×]小时[×]分钟。我们十分高兴与南航明珠会员再次见面)。

我们的飞机已经离开×××前往×××(中途降落),由×××至×××的飞行距离是×××。沿着这条航线,我们将飞经×××(国家、省/区、城市),经过的主要城市有×××,我们还将飞越(海洋、山脉、河流、湖泊)。

在飞行全程中,可能会出现因气流变化引起的突然颠簸,我们特别提醒您,注意系好安全带。旅途中,我们为您准备了(正餐/点心/小吃)及各种饮料。

(为了丰富您的旅途生活,我们还将为您播放机上的娱乐节目。)在供餐之后,有免税商品(和卫星电话卡)出售,欢迎选购。如果您需要帮助,我们很乐意随时为您服务。

“心飞白云深处,爱在天上人间。”能为您提供最优质的服务,伴您度过轻松愉快的旅程,是我们全体机组成员的荣幸。谢谢!

【范例2】

尊敬的女士们,先生们:

你们好!我是本次航班的(主任)乘务长×××,首先我代表南方航空向您致以最诚挚的问候。今天由于×××(飞机晚到/机场天气不符合飞行标准/航路交通管制/机场跑道繁忙/飞机故障/等待旅客/装货等待/临时加餐)耽误了您的旅行时间,希望能得到您的谅解。

现在向您介绍我的组员:头等舱乘务长,乘务员×××,(公务舱乘务长×××,乘务员×××,)普通舱乘务长×××,乘务员×××。我们的团队将精诚合作,为您带来轻松愉快的旅途!

【范例3】

亲爱的旅客朋友们,欢迎来到南航“空中之家”。当您进入客舱后,请留意行李架边缘的座位号码对号入座。您的手提物品可以放在行李架内或座椅下方。请保持过道及紧急出口通畅。如果有需要帮助的旅客,我们很乐意协助您。南方航空愿伴您度过一个温馨愉快的空中之旅。谢谢!

【范例4】

女士们,先生们:

现在我们为您提供申报单和入境卡。除当地公民外,所有旅客都要填写入境卡。为了缩短您在××机场的停留时间,请您在飞机着陆前填好,落地后交予海关和移民局工作人员。

如需要帮助,请与乘务员联系,谢谢!

三、民航广播词的适用情境

(一)航班起飞前

1.安全提示

机组人员会广播关于安全带的使用、紧急出口的位置等安全信息,确保乘客了解并遵循基本的安全规定。

【范例5】

女士们,先生们:

我们的飞机很快就要起飞了,请您配合客舱乘务员的安全检查,系好安全带,收起小桌板,调直座椅靠背,靠窗边的旅客请您协助将遮光板拉开。

谢谢您的合作!祝您旅途愉快!

2.服务介绍

机组人员会介绍飞机上的服务设施,如餐饮、娱乐设施等,让乘客对即将享受的服务有所了解。

【范例6】

女士们,先生们:

为了丰富您的旅途生活,我们将为您播放南航银翼天地机上娱乐节目。希望您能喜欢。

请您使用耳机,并调节座椅扶手上的音频系统,选择您所喜爱的节目。如需协助,我们十分乐意帮助您。谢谢!

(二)飞行过程中

1.飞行状态更新

机组人员会定期广播飞机的飞行状态,如高度、速度、预计到达时间等,帮助乘客了解当前飞行情况。

2.服务广播

机组人员会根据航班时间和乘客需求,广播餐食、饮料服务的信息,或者提醒乘客使用娱乐设施。

【范例7】

女士们,先生们:

我们将为您提供餐食(点心餐)及各种饮料,希望您能喜欢。在用餐期间,请您调直座椅背,以方便后排的旅客。如需要帮助,我们很乐意为您服务。谢谢!

3.特殊情况通知

如遇到气流颠簸、天气变化或机械故障等特殊情况,机组人员会及时广播通知,并告知乘客应对措施。

【范例8】

女士们，先生们：

请注意！

我们的飞机正经过一段气流不稳定区，将有持续的颠簸，请您坐好，系好安全带。颠簸期间，为了您的安全，洗手间将暂停使用，同时，我们也将暂停客舱服务。（正在用餐的旅客，请当心餐饮烫伤或弄脏衣物。）

谢谢！

（三）航班降落前

1. 降落提示

机组人员会广播关于降落的准备事项，如调整座椅、系好安全带等，确保乘客在降落过程中的安全。

【范例9】

女士们，先生们：

现在飞机已经开始下降。请您配合我们的安全检查，系好安全带，收起小桌板，调直座椅背，靠窗边的旅客请协助将遮光板打开。请您关闭手提电脑及电子设备，并确认手提物品已妥善安放。同时我们还要提醒您，在飞机着陆及滑行期间，请不要开启行李架提拿行李物品。稍后我们将调暗客舱灯光。

谢谢！

2. 目的地信息

广播会提醒乘客即将到达的目的地，以及当地的天气、时差等信息，帮助乘客做好下机准备。

【范例10】

女士们，先生们：

我们的飞机预计在××点××分到达××机场，根据现在收到的气象预报，当地的地面温度为××。（现在正在下雨/雪）。

（由于温差较大，需要更换衣物的旅客，请提前做好准备。）

飞机即将进入下降阶段（我们将停止节目播放，谢谢您的欣赏），请您将（耳机和）使用过的毛毯准备好，乘务员将前来收取。谢谢！

(四)紧急情况

在紧急情况下,如火灾、恐怖袭击等,机组人员会立即广播紧急疏散指示,指导乘客使用紧急出口和救生设备,确保乘客的生命安全。

【范例11】

女士们,先生们:

请注意!现在飞机上有一位重症病人需要帮助,如果您是医生或护士,请立即与我们联系。谢谢!

【范例12】

女士们,先生们:

请注意!现在飞机上有一位危重病人需要尽快抢救,为了保证病人的生命安全,机长决定临时降落在最近的××机场,飞机将在××分钟后到达。

我们非常感谢您的理解与支持!

【范例13】

女士们,先生们:

我们刚刚接到机长的通知,由于(飞机出现了一些机械故障/航路天气不符合飞行标准/降落站机场关闭),我们现在必须返回××场,飞机预计在××点××分到达。对于由此给您带来的诸多不便,请您予以谅解。返航后的有关事宜,我们会随时通知您。谢谢!

四、民航广播词的注意事项

(一)内容准确

广播词的内容必须准确无误,包括航班号、起飞时间、目的地、安全提示等信息,以免给乘客带来困惑或误导。涉及专业术语或特殊情况时,要确保使用正确的行业用语,并避免使用可能引起误解的词汇。

(二)语言规范

使用规范、清晰的语言,避免使用生僻字或过于复杂的句式,以确保大多数乘客都能轻松理解。注意广播词的逻辑性和条理性,使信息传达更加流畅、自然。

（三）语气和语调

根据广播词的不同内容，选择适当的语气和语调。例如，安全提示应严肃、庄重；服务介绍应亲切、热情；紧急情况应冷静、果断。注意控制语速，既不能过快导致乘客听不清，也不能过慢影响广播效率。

（四）考虑乘客需求

针对不同类型的乘客，如老人、儿童、外籍乘客等，应适当调整广播词的内容和表达方式，以满足他们的特殊需求。

广播词中可以适当加入一些关怀和温馨提示，以提升乘客的舒适度和满意度。

（五）格式规范

广播词文书应按照规定的格式进行排版，包括字体、字号、行距等，以确保广播时的视觉效果良好。

注意广播词的篇幅和时长，避免过长或过短导致信息传达不完整或重复冗余。

第二节　飞行日志

一、飞行日志的特点

（一）翔实性与系统性

飞行日志详细记录了每次飞行的关键信息，包括但不限于飞行时间、航线、飞行高度、速度、气象条件等。这些数据不仅丰富，而且按照系统的方式组织，为飞行员和管理人员提供了完整、清晰的飞行记录。

（二）专业性与准确性

飞行日志使用了大量专业术语和精确数据，确保了信息的专业性和准确性。这有助于飞行员和相关人员准确了解飞行状态，进行飞行分析和评估。

(三)实时性与连续性

飞行日志通常需要在飞行过程中实时更新,以记录最新的飞行数据。同时,它也会连续记录多次飞行的数据,形成飞行历史记录,有助于飞行员和管理人员了解飞行趋势和变化。

(四)保密性与安全性

飞行日志包含了飞行活动的详细信息,具有一定的保密性。在记录、保存和传输过程中,需要采取相应的安全措施,防止信息泄露或被非法获取。

(五)法律性与规范性

飞行日志作为飞行活动的正式记录,具有一定的法律效力。在飞行事故调查、保险理赔等情况下,飞行日志可以作为重要的证据。因此,在编写飞行日志时,需要遵循相关的法律法规和行业标准,确保其规范性和合法性。

二、飞行日志的基本格式和内容要点

(一)基本格式

飞行日志通常采用表格形式,便于填写和查阅。表格通常包括日期、航班号、起飞和降落时间、航线、机组人员信息等固定列,以及飞行时长、气象条件、飞机状态、故障记录等可变列。每次飞行后,相关人员会在表格中填写对应的数据和信息。

(二)内容要点

1.基本信息

包括日期、航班号、起飞和降落时间、起飞和降落机场、航线等。这些信息是飞行日志的基础,能够清晰地反映出每次飞行的基本情况。

2.机组人员信息

记录机组人员的姓名、职务和飞行时长。这有助于了解每次飞行的机组构成和人员配备情况。

3.飞行数据

包括飞行高度、速度、航向、飞行时长等关键参数。这些数据是评估飞行性能和安全性的重要依据。

4.气象条件

记录飞行过程中的天气情况，如能见度、风速、风向、云量等。这有助于分析气象因素对飞行的影响。

5.飞机状态

描述飞机的整体运行状态，包括发动机、起落架、襟翼等关键部件的工作情况。这有助于及时发现和解决潜在的安全隐患。

6.故障记录

如果在飞行过程中出现任何故障或异常情况，需要在飞行日志中详细记录。这包括故障发生的时间、地点、现象以及采取的应对措施等。

7.备注信息

用于记录其他需要关注的事项，如特殊任务要求、飞行中的特殊情况等。

三、飞行日志的适用情境

（一）日常飞行记录

每次飞行任务完成后，飞行员都需要填写飞行日志，详细记录飞行的起始时间、航线、飞行高度、速度、气象条件以及飞机状态等信息。这些记录对于评估飞行性能、分析飞行趋势以及保障飞行安全至关重要。

（二）飞行操作评估与改进

飞行日志中的信息可以用于飞行员和航空公司评估飞行操作的安全性。通过对飞行时间、航线选择、飞行计划等方面的数据进行分析，可以找出潜在的问题和改进空间，从而提高飞行效率和安全性

（三）飞行事故调查

在发生飞行事故时，飞行日志是调查人员获取关键信息的重要来源。日志中的飞行数据、气象记录以及任何异常或故障情况都可能成为揭示事故原因的关键线索。

（四）飞行员职业发展记录

飞行日志记录了飞行员的飞行时间和经验积累，对于飞行员的职业发展和晋升具有重要意义。同时，它还可以帮助飞行员跟踪和记录不同类型机型的飞行时间，以满足飞行公司和民航局的要求。

（五）飞行培训与教学

在飞行培训过程中，学员需要记录每次飞行的关键信息和评估结果，以便更好地掌握飞行技能。飞行日志还可以作为教学材料，帮助学员回顾和总结飞行经验，提高教学效果。

四、飞行日志的注意事项

（一）确保信息的准确性

飞行日志中记录的所有信息，包括日期、时间、航班号、起飞和降落地点、航线、飞行时长等，都必须准确无误。任何微小的误差都可能影响后续的数据分析和飞行安全评估。因此，飞行员在填写日志时应仔细核对每一项数据，确保其真实可靠。

（二）详细记录飞行环境和条件

飞行日志应详细记录飞行前的环境信息，如天气状况、飞行座舱气压高度、载重量和燃油量等。这些信息对于分析飞行性能、评估飞行风险以及制定应对措施具有重要意义。飞行员应密切关注这些参数的变化，并在日志中如实记录。

（三）完整记录飞行中的经历和挑战

在飞行过程中，飞行员可能会遇到各种情况和挑战，如机械故障、气象异常等。这些情况都应详细记录在飞行日志中，包括发生的时间、地点、现象以及采取的应对措施等。这不仅有助于飞行员总结经验教训，提高应对能力，还可以为后续的飞行安全分析提供宝贵资料。

（四）规范填写格式和术语

飞行日志的填写应遵循一定的格式和规范，使用专业术语进行描述。这有助于保持日志的清晰性和一致性，方便后续的数据处理和分析。飞行员应熟悉并遵守相关的填写规范，确保日志的整洁和规范。

（五）及时签名和审核

飞行日志填写完毕后，飞行员应及时签名确认，并交由相关部门或人员进行审核。这有助于确保日志的真实性和完整性，防止数据被篡改或遗漏。同时，审核人员也可以对日志中的数据进行进一步核对和分析,提出改进建议或意见。

【范例14】

民航飞行日志

[基本信息]

日期:2023年4月15日

航班号:MU ××

起飞时间:08:00(UTC+8)

降落时间:11:30(UTC+8)

起飞机场:上海虹桥国际机场(SHA)

降落机场:北京首都国际机场(PEK)

航线:SHA-PEK,直飞

[机组人员信息]

机长:××,飞行时长12000小时

副机长:××,飞行时长8000小时

乘务长:××,服务时长5年

乘务员:××、××

[飞行数据]

起飞重量:75吨

巡航高度:10668米(FL350)

巡航速度:850公里/小时(IAS)

平均地速:800公里/小时

飞行时长:3小时30分钟

航向:北偏东约10°

[气象条件]

起飞时:晴天,能见度15公里,微风,无云

飞行中:高空晴朗,偶有薄云,风速5-10节,风向稳定

降落时:多云,能见度8公里,微风,无降水

[飞机状态]

发动机:两台发动机运行平稳,无异常振动或噪声

起落架:收放正常,无卡阻现象

襟翼:按程序操作,响应迅速

航电系统:通信、导航、雷达等设备工作正常

客舱系统:空调、照明、娱乐系统均运行良好

[故障记录]

无:本次飞行过程中未发生任何故障或异常情况

[备注信息]

特殊任务要求:无

飞行中的特殊情况:飞行过程中遇到一次短暂的气流颠簸,机组迅速采取稳定措施,确保乘客安全舒适。乘务员及时安抚乘客情绪,未造成恐慌。

[总结]

本次MU××航班从上海虹桥国际机场至北京首都国际机场的飞行任务顺利完成,机组人员操作规范,飞机状态良好,气象条件适宜,未发生任何故障或异常情况。乘客反馈良好,整体飞行体验满意。

第三节　事故分析报告

一、事故分析报告的特点

(一)详细性

报告会详细记录事故发生的时间、地点、涉及人员、机型、天气条件等基本情况,为后续的事故原因分析提供全面的背景信息。

(二)专业性

报告的分析过程需要运用大量的专业知识,如飞行原理、机械结构、气象学等,以确保分析的准确性和科学性。

(三)系统性

报告会从多个角度对事故进行全面分析,包括人为因素、机械故障、天气条件等多个方面,以揭示事故发生的综合原因。

(四)客观性

报告会基于事实和证据进行分析,避免主观臆断和偏见,确保分析的客观性和公正性。

(五)针对性

报告会根据分析结果提出具体的改进措施和建议,以预防类似事故的再次发生。这些措施和建议通常会针对事故中暴露出的问题和不足,具有很强的针对性和可操作性。

(六)规范性

报告的编写需要遵循一定的规范和标准,以确保报告的质量和可读性。这包括报告的结构、格式、语言表达等方面。

二、事故分析报告的基本格式和内容

(一)标题与封面

1.标题

明确标明为"民航事故分析报告",并可能包含事故航班的具体信息或事故发生的日期。

2.封面

包括报告编号、编制单位、日期等基本信息。

(二)摘要与目录

1.摘要

简要概述事故的基本情况、主要调查结果和结论。

2.目录

列出报告的主要章节和页码,便于查阅。

(三)事故概述

1.事故基本信息

包括事故发生的日期、时间、地点,涉及的航班号、机型、起飞地和目的地等。

2. 事故简要经过

描述事故发生的过程,包括起飞、巡航、事故发生及后续情况等。

(四)事故调查过程

1. 调查组成员与职责

列出调查组的成员名单及其各自负责的调查任务。

2. 调查方法与手段

描述使用的调查方法,如现场勘查、证据收集、人员访谈等。

3. 调查过程记录

详细记录调查过程中的关键步骤和发现。

(五)事故原因分析

1. 人为因素分析

评估机组人员、地面工作人员等的操作、决策和判断是否正确。

2. 机械故障分析

分析飞机结构、发动机、航电系统等是否存在故障或缺陷。

3. 天气与环境因素分析

评估天气条件、地理环境等对事故的影响。

4. 管理因素分析

检查航空公司的管理制度、安全文化等是否存在问题。

(六)结论与建议

1. 结论

总结事故的主要原因和次要原因。

2. 建议

提出防止类似事故再次发生的改进措施和建议。

(七)附件

相关证据与资料包括黑匣子数据、现场照片、访谈记录等。

列出编写报告时参考的文献和资料。

三、事故分析报告的适用情境

在事故发生后，民航事故分析报告被用于对事故进行全面的梳理和分析。报告通过收集事故现场的证据、黑匣子数据、目击者证言等关键信息，还原事故发生的经过，并分析事故发生的直接原因和深层次原因。

民航事故分析报告用于确定事故责任。通过对人为因素、机械故障、天气条件、管理漏洞等方面的分析，报告能够明确事故责任方，为后续的责任追究提供依据。

民航事故分析报告还是提出改进措施和建议的重要依据。根据对事故原因的分析，报告能够指出存在的安全隐患和不足之处，提出针对性的改进措施和建议，以提高航空安全水平。

民航事故分析报告的使用还涉及对事故教训的总结和分享。通过对事故案例的深入剖析，报告能够提炼出有价值的经验教训，为整个民航行业提供借鉴和参考，促进航空安全管理的持续改进。

民航事故分析报告在民航安全管理中发挥着重要的作用，其使用情境涵盖了事故调查、原因分析、责任认定、改进措施提出以及教训总结等多个方面。通过深入分析和总结事故案例，报告能够为提高航空安全水平提供有力的支持。

四、事故分析报告的注意事项

报告的数据收集必须全面、准确和及时。这包括事故现场的证据、黑匣子数据、目击者证言、相关文件和记录等。所有收集到的数据都应进行严格的验证和核对，以排除错误和重复信息。同时，要确保数据的完整性，避免遗漏任何可能影响事故分析的关键信息。

在分析事故原因时，应综合运用多种分析方法，如趋势分析、故障树分析、事件树分析等。这些方法有助于全面、系统地识别事故的直接原因和深层次原因，从而为制定有效的预防措施提供依据。同时，分析过程中要充分考虑人为因素、机械故障、天气条件、管理漏洞等多个方面，避免片面或主观地判断事故原因。

报告的编写应遵循客观、公正和专业的原则。在描述事故经过和原因时，要使用准确、清晰的语言，避免使用模糊或带有主观色彩的表述。同时，报告中的分析和结论应基于充分的数据和事实支持，避免无根据的猜测或推测。

报告应提出具体、可行的改进措施和建议。这些措施和建议应针对事故原因和存在的问题，具有针对性和可操作性。同时，要关注改进措施的实施效果，进行跟踪和监控，确保各项措施的有效落实。

民航事故分析报告的编写需要遵循一系列注意事项，以确保报告的准确性、完整性和客观性。通过全面、深入地分析事故原因，提出有效的预防措施和改进建议，有助于提高民航安全水平，保障人民群众的生命财产安全。

【范例15】

民用航空器事件调查报告

缩略语（略）

概述

2022年5月12日，××航空有限公司××××号机执行××××机场至××××机场定期客运航班。飞机在××××机场03号跑道起飞滑跑时方向非预期左偏，中断起飞过程中向左偏出跑道，停止于距03号跑道中心线190米的J5快速脱离道与Z8联络道交会处，机上旅客113人、机组9人全部安全撤离，撤离过程中有6人轻伤（含2名机组成员），飞机、地面设施设备不同程度受损。

根据《民用航空器事件技术调查规定》（CCAR-395-R3）和《国际民用航空公约》附件13《航空器事故和事故征候调查》的有关规定，民航西南地区管理局负责该事件的调查工作，来自法国航空事故调查分析局的授权代表及其任命的顾问参加了调查。

经调查，飞机高速滑跑至速度接近V（145节）时，在副驾驶抵左舵保持滑跑方向的同时，责任机长受物品滑落干扰，失去对飞机状态的监控，无意识抵动左舵与副驾驶操纵叠加，导致飞机方向非预期左偏。发现偏差后，机组未执行标准喊话，责任机长收油门中断起飞，在最大刹车制动力和惯性共同作用下，机组未能进行有效修正，飞机高速（约127节）向左偏出跑道。

飞机偏出跑道后，前起落架与03号跑道升降带内的盖板沟盖板、滑行道道肩侧向碰撞后受损折断。飞机在惯性作用下继续前冲，与03号跑道西侧距跑道中心线120米的开口明沟撞击，发动机、主起落架等部件脱落，机腹触地，飞机起火冒烟。根据人员受伤和航空器受损情况，该事件构成一起机组人为失误导致的运输航空一般事故。

调查组针对××航空有限公司安全从业人员作风管理、飞行机组能力管理、机组资源管理训练、日常监督、安全管理体系；江北机场升降带平整区及跑道端安全区的结构物直立面消除工作评估；加强驾驶舱物品使用摆放行业管理，提出了安全建议。

1　事实信息

1.1　飞行经过

2022年5月12日，××航空有限公司（以下简称“××航空”）××××号机执行××××机场

（以下简称“×××机场”）至×××机场（以下简称“××机场”）航班。机上飞行机组3人（分别为责任机长、第二机长、副驾驶）、客舱机组5人、安全员1人、旅客113人。

责任机长（PIC）在左座担任监控飞行员（PM），副驾驶在右座担任操纵飞行员（PF），第二机长在驾驶舱第四乘员座（左座后方）担任观察员。

07:47:53，起动发动机。07:50:17，右座副驾驶操纵飞机滑出。07:50:25，右座副驾驶执行刹车检查，刹车踏板行程32°，压力448PSI。之后在滑行期间，副驾驶和责任机长先后完成飞行操纵检查。（两侧侧杆俯仰操纵最大行程均为+16°，横滚操纵最大行程均为±20°；方向舵脚蹬操纵最大行程为+31个单位，对应方向舵最大偏转角度为+30°。）

07:54:28，副驾驶进行补充简令：“使用跑道03号，起飞重量65.8吨，构型2，灵活温度62°，速度为：V145海里/小时、VR149海里/小时、V153海里/小时，QNH1010。”

08:03:59，××塔台发出起飞指令：“××9833，跑道03，地面静风，可以起飞。”

08:04:21，飞机对正跑道，航向18.63°，副驾驶前推油门杆至灵活推力卡位并喊话，“油门你操纵”，飞机开始起飞滑跑。滑跑至方向左偏前，从驾驶舱语音记录中可持续听到飞机前轮有节律碾压跑道中线灯的声音。

08:04:24，飞机航向19.34°，地速20海里/小时。双发达到起飞推力，N1均为86%，至中断起飞前双发均保持该推力。

08:04:37至08:04:52，飞机航向为19°+1°，方向舵脚蹬位置在左9至右2个单位之间变化，方向舵偏转与脚动作一致。这期间，责任机长在速度82海里/小时时喊话“80，马力调定”，在速度102海里/小时时喊话“速度100”，副驾驶均回答“CHECK”。空速从82海里/小时增加至133海里/小时。

08:04:53，飞机航向18.98°，地速141海里/小时。方向舵脚蹬向左4个单位，方向舵左偏6°。

08:04:54，飞机航向15.47°，地速144海里/小时。方向舵脚蹬向左14个单位，方向舵左偏13°。副驾驶发出惊诧声，责任机长随后轻声说出“咦”，随即收油门中断起飞。

08:04:55，飞机航向7.73°，地速146海里/小时。方向舵脚蹬向左27个单位，方向舵左偏19°。飞机双发油门杆收至慢车位，减速板升起、自动刹车开始生效。

08:04:56，飞机航向358.95°，地速148海里/小时。方向舵脚蹬向左28个单位，方向舵左偏24°。

08:04:57，飞机航向350.51°，地速140海里/小时。方向舵脚蹬向左31个单位（达到最大行程），方向舵左偏26°，自动刹车断开，双发反推开锁。

08:04:59，飞机航向341.72°，地速127海里/小时。方向舵脚蹬向左31个单位，方向舵左偏29°；刹车踏板角度左侧78°、右侧46°；飞机俯仰角-1°度。机场监控视频显示，此时飞机前轮进入地面区。

08:05:00,飞机航向338.55°,地速121海里/小时。方向舵脚蹬向左28个单位,方向舵左偏29°:刹车踏板角度左侧78°、右侧44°,左右侧刹车压力均为64PSI.CVR。记录中可听见明显碰撞声,飞机俯仰角开始降低,由-1°变为-2°。

08:05:01,飞机航向341.37°,地速108海里/小时。方向舵脚蹬向左25个单位,方向舵左偏19°:刹车踏板角度左侧78°、右侧72°,左右侧刹车压力均为64PSI。飞机俯仰角由-5°变为最低-7°。

08:05:02,飞机航向349.1°,地速103海里/小时。方向舵脚蹬向左18个单位,方向舵左偏12°;刹车踏板角度左侧78°、右侧76°,左右侧刹车压力均为64PSI。

随后,DAR、DFDR、CVR、QACVR记录停止。

08:05:11,飞机停止在J5快速脱离道与Z8联络道交会处,距03号跑道中线190米,机头方向315°。

1.2 人员受伤情况(略)

1.3 航空器损坏情况(略)

1.4 其他损坏(略)

1.5 人员情况(略)

1.6 航空器情况(略)

1.7 气象信息(略)

1.8 导航设备(略)

1.9 通信(略)

1.10 机场情况(略)

1.11 飞行记录器(略)

1.12 现场勘查情况(略)

1.13 医学及病理毒理检查(略)

1.14 失火(略)

1.15 生存和救援情况(略)

1.16 试验验证(略)

1.17 组织和管理(略)

1.18 其他资料(略)

2 分析(略)

3 结论(略)

4 安全建议(略)

第四节　民航各类手册

一、民航手册各层级种类

运行手册是指公司为实施各种运行的全体飞行和地面运行工作人员提供使用和指导操作，并报经局方批准/认可或公司领导批准后方可实施的与飞行运行有关的各种版本的手册、大纲、程序和检查单的总称。

民航手册主要可以分为4个层级，其中：第1层级手册包括《飞行运行手册》《航空安全管理手册》，其中《飞行运行手册》是公司运行总政策；第2层级手册包括《工程手册》、《飞行技术管理手册》、《运行控制手册》、各机型《飞行人员训练大纲》、各机型《放行标准》、《飞行签派员训练大纲》、《危险品训练大纲》、《客舱乘务员手册》、《客舱乘务员训练大纲》等；第3层级手册是需要公司领导签批后由民航地区管理局认可的运行手册；第4层级手册是各单位、各部门内部使用的手册。各层级的手册在作为公司运行规章的重要性上没有分别，具有同等地位，只是在出现不同的运行手册中的规定和内容有冲突时，以较高层级或上一层级的手册内容为准。

民航各业务单位涉及多种运行手册与大纲的编写。比如，运标部需要编写《飞行运行手册》《ETOPS运行手册》《飞机地面除冰/防冰程序手册》《RVSM运行手册》《外站运行手册》《危险物品训练大纲》《机上危险物品事故应急处理指南》《客舱乘务员手册》《客舱乘务员训练大纲》等；SOC（System Operations Center，航班运行控制中心）需要编写《运行控制手册》《各机型飞行签派员训练大纲》《紧急反应手册》等；保卫部需要编写《航空安全保卫运行手册》等；货运部需要编写《危险物品运输手册》《货物运输手册》等；机务部需要编写《工程手册》《各机型放行标准手册》《维修可靠性控制方案》《机务培训管理手册》《维修管理手册》《维修标准》等；市场部需要编写《国内客运销售业务手册》《国际客运销售业务手册》等；地保部需要编写《载重平衡手册》《旅客、行李国内运输总条件》《旅客、行李国际运输总条件》等；飞管部需要编写《机型训练大纲》《飞行技术管理手册》等。

二、民航手册的特点

（一）符合性

手册的编制需严格遵循国际民航公约及相关局方规章，确保内容合法合理、切实可行，并完全符合实际情况与实践经验。这不仅保障了手册的权威性和可靠性，也使其成为民航业务操作中不可或缺的重要参考依据。

（二）完整性

手册应涵盖飞机维修、运行管理、安全检查等所有业务，确保员工在执行任何工作时都能找到相应的指导和规范。这种完整性有助于减少操作中的遗漏和误解，提高工作的整体效率和质量。

（三）操作性

手册的结构应严谨规范、条理清晰，条文完备具体，易于参考和操作。同时，语言应准确严密、通俗易懂，方便员工理解和执行。这种操作性使手册成为员工日常工作的有力工具，有助于提高工作效率和准确性。

（四）稳定性

手册的编制应具备前瞻性并符合实际情况。除非局方规章、重大决策或组织结构发生变化，否则不应频繁修订。这种稳定性有助于维护手册的权威性和有效性，避免因频繁修改带来的不便和混淆，确保其作为可靠操作指南的地位。

（五）关联性

手册中的各级程序应相互关联，形成一个完整的链条。每一级手册程序都应写明关联的手册程序以及依据的规章和上一级手册的条款号。这种关联性有助于确保各级手册之间的协调性和一致性，使整个手册体系更加完整和统一。

三、民航手册的基本格式和内容

（一）基本格式

1.封面与目录

手册通常包括封面，标明手册名称、版本、编制单位等信息。目录则列出手册各章节

的标题和页码,便于查阅。

2. 章节划分

手册内容按章节进行划分,每个章节针对一个特定的主题或业务领域进行详细阐述。

3. 正文

正文部分采用清晰、简洁的语言描述,包含必要的图表、示意图和流程图等辅助说明材料。

4. 附录

手册可能包含附录部分,提供额外的数据、图表、参考文献等信息。

(二)内容概述

1. 安全管理手册

包含安全管理政策、安全目标、安全风险评估与控制、安全培训与教育等内容,旨在确保飞行和地面运行的安全。

2. 运行手册

详细规定飞机运行程序、机组人员职责、航班计划、应急处置等内容,确保飞机按照规定的标准和程序运行。

3. 维修工程管理手册

涵盖飞机维修政策、维修计划、维修记录管理、维修人员培训与考核等内容,确保飞机维修工作的质量和效率。

4. 飞行标准管理手册

包括飞行标准管理的机构和职责、法规文件体系、证照体系、飞行标准监督管理系统等内容,规范飞行标准管理工作。

5. 民航安全检查手册

描述安全检查的流程和程序、使用的安检设备和工具、安检人员的培训和资质要求等,确保安全检查的有效性和一致性。

四、民航手册的适用情境

(一)运行类手册

这类手册包括安全管理手册、运行手册和飞行技术管理手册等,旨在规范公司的运行管理机制和工作行为。它们提供了公司总体运行政策、飞行标准以及安全管理等方面的详细指导,确保飞行和地面操作的安全与高效。在制订运行计划、安排航班及执行飞行任务时,这些运行类手册是至关重要的参考依据,帮助管理人员和机组人员遵循统一的标准和程序,从而提升整体运营的质量和安全性。

(二)基础类手册

这类手册,如客运营销管理手册和财务管理手册等,主要用于规范公司的日常经营和运营管理行为。它们提供了详细的指导方针和操作流程,确保公司在市场营销、财务管理和相关业务活动中的各项工作有序进行,达到高效运营和管理的目的。

(三)管理类手册

为管理者和员工提供管理依据和行为规范的手册,如安全管理手册、运行手册等,是公司运营的重要参考工具。这些手册适用于各级管理人员在日常工作中进行决策、指导和监督,确保公司的各项管理活动符合规定和要求。通过详细的规定和标准操作程序,这些手册帮助确保公司在安全管理、运营流程等方面的各项工作有序、高效地进行,从而提升整体管理水平和运营质量。

(四)技术类手册

为确保产品缺陷得到及时纠正并维持设计要求的安全运行状态,技术人员必须依据一系列技术管理和具体纠正措施的手册,如放行标准、维修方案和飞机维护手册(AMM)等。在飞机维修、保养及故障排除过程中,这些技术类手册是不可或缺的参考资料,提供了详尽的技术指导和操作规范,确保所有工作严格按照标准执行,从而保障飞行安全与效率。这些手册不仅帮助技术人员准确无误地完成任务,还促进了整个维修流程的标准化和专业化。

此外,还有一些特定类型的手册,如维修类手册、修理类手册、检测类手册等,它们分别适用于飞机维修、零部件修理、设备检测等特定工作场景。这些手册提供了详细的操作步骤、技术要求和安全注意事项,确保维修和检测工作的准确性和安全性。

五、民航手册的注意事项

(一)准确性

1.事实核查

确保手册中的每一项内容都经过严格的事实核查,避免出现错误或误导性的信息。

2. 专业术语

使用正确的民航专业术语，避免使用非专业或模糊的语言。

（二）清晰性

1. 结构分明

手册应具有良好的结构，包括清晰的标题、目录、章节和段落，便于用户快速找到所需信息。

2. 语言简洁

使用简洁明了的语言描述内容，避免冗长和复杂的句子。

（三）完整性

1. 全面覆盖

确保手册涵盖了所有必要的主题和细节，为用户提供全面的指导。

2. 引用与附录

如有需要，提供相关的引用、数据、图表或附录，以支持手册的内容。

（四）合规性

1. 遵循标准

确保手册符合国际民航组织（ICAO）、民航局等相关机构的标准和规定。

2. 更新与修订

随着民航法规和行业标准的变化，及时对手册进行更新和修订。

（五）实用性

1. 操作流程

提供详细的操作流程和步骤，指导用户如何执行特定任务或解决常见问题。

2. 案例分析

如有可能，加入实际案例分析，帮助用户更好地理解和应用手册内容。

（六）审核与批准

1. 内部审核

在手册发布前，进行内部审核，确保内容的准确性和合规性。

2. 外部审批

根据需要，提交手册给相关部门或机构进行审批，确保符合外部要求。

（七）格式与排版

1. 字体与字号

选择易于阅读的字体和字号，确保手册的视觉效果良好。

2. 图表与插图

适当使用图表、插图或照片，帮助用户更直观地理解内容。

【范例16】

危险品运输训练大纲

第一章　概述

1 ××航空股份有限公司《危险品运输训练大纲》(以下简称《大纲》)符合中国民用航空局CCAR-121部、CCAR-276部以及国际民航组织发布的《危险物品规则》(以下简称DGR)、《危险物品航空安全运输技术细则》(以下简称TI)中关于对危险物品训练的要求。

2《大纲》适用于××航空股份有限公司从事与危险物品运输有关的各岗位的工作人员。

3《大纲》在制定时，尽量使其简便、易懂、内容翔实并使训练易于实施，若其中的有关内容有所变化时，××航空股份有限公司报经局方同意后将依照新的规定对上述变更及时进行修改。

第二章　培训要求

1 经局方审定批准，×航在符合CCAR-276部及TI规定的标准和程序后在经批准的机场，可运输货物中的符合第九类杂项物质包装说明PI965-P1970第II部分的锂电池。除此之外，暂不承运其他危险物品。

2 能否成功地实施关于危险物品运输规则和实现其宗旨，很大程度上取决于接触危险性物质的有关人员的重视和对危险物品的了解。因此必须保证公司所有与危险品运输相关的人员受到与他们职责相符合的危险品运输知识培训。

3 公司根据中国民用航空局CCAR-276以及国际民航组织发布的TI、DGR中对危险物品运输的有关规定，制定了各类与危险品运输相关人员的培训类别及培训课程(包括初训和复训)。

4 对新参加与危险品航空运输相关的人员在上岗前应进行危险品初始培训，以使他们初步了解和掌握危险品运输的有关知识和规则以及应急处置原则。

5 凡参加公司举办的危险物品运输规则训练的人员，必须经过考核，考试成绩合格

后由教员签发合格证书，持有培训合格证书的人员才有资格从事危险物品运输的工作（训练合格证的签注标准见第七章）。

6 为确保知识的及时更新，必须在前一次培训后的24个月内完成复训。如果复训是在前一次培训有效期的最后三个月内进行的，则复训的有效期将从复训完成之月起开始计算，并延续至前一次培训失效月份之后的24个月为止。这样可以保证培训内容的连续性和有效性。

如果复训时间提前超过3个月，则培训有效期以此次培训完成之月开始的24个日历月为准。签注日期也以此次培训完成之月为准。

例如，某人员初始培训日期为2011年4月，而其复训完成时间为2013年1月，则此次培训完成后其签注时间为：2013年1月，其资质有效期为2013年1月—2015年1月，其下次复训时间为2014年11月—2015年1月。

7 各危险品运输培训实施部门应于每月10日前将上月危险品培训开展情况以“危险品培训记录表”（3U.DGTTS-001）报标准管理部备案。

8 对于未在规定期限内完成定期复训而失去资格的人员，为恢复资格需要进行危险品的初始培训。

9 危险品培训记录表（样表）（略）。

第三章　培训教员的资格（略）

第四章　培训对象（略）

第五章　培训计划（略）

第六章　培训课程

第一节　培训课程

1 总则

2 初始培训

3 定期复训

4 “非载运”运营人培训课程（初训、复训的最低要求）

5 锂电池航空运输培训课程

第七章　培训记录（略）

第一节　培训记录

1 培训记录

2 训练合格证的签注

3 培训记录样表

第二节　训练合格证签注标准

1 签注人资质

2 签注要求

3 签注标准

附录(略)

第五节　民航警务文书

一、民航警务文书的特点

(一)法定性与权威性

民航警务文书是依据国家法律法规、民航规章及行业标准制定的,具有法律效力,体现了民航公安机关的执法权威。民航警务文书的出具和执行均受到法律的严格保护。

(二)规范性与严谨性

民航警务文书在格式、内容、语言等方面均有严格的规范要求,确保文书的准确性和严谨性。民航警务文书中使用的术语需准确无误、逻辑清晰,避免出现歧义或误导。

(三)时效性与准确性

由于警务工作的特殊性,民航警务文书必须及时制作、签发和执行,以迅速应对各类突发情况。同时,民航警务文书中记载的信息必须准确无误,为执法决策提供可靠依据。

(四)保密性与安全性

民航警务文书往往涉及案件侦破、犯罪嫌疑人信息、证据材料等敏感内容,因此需要严格遵守保密规定,确保信息安全。在传输、存储和使用过程中需采取必要的安全措施,防止信息泄露。

(五)记录性与可追溯性

民航警务文书是执法活动的书面记录,具有记录性和可追溯性。通过查阅文书,可以了解执法过程的来龙去脉，为案件复查、责任追究等提供依据。

二、民航警务文书的常见种类

（一）立案报告书

记录案件的基本情况、立案依据、初步侦查计划等，是启动侦查程序的法律文书。

（二）现场勘查笔录

详细记录犯罪现场的环境、痕迹、物证等勘查情况，为案件侦破提供重要线索和证据。

（三）询问/讯问笔录

记录对犯罪嫌疑人、证人、被害人等进行的询问或讯问过程，包括其陈述内容、态度、情绪等，是认定案件事实的关键证据。

（四）鉴定意见书

由专业鉴定机构或人员对涉案物品、痕迹、文件等进行鉴定后出具的书面意见，为案件定性、量刑提供依据。

（五）逮捕/拘留通知书

对犯罪嫌疑人采取强制措施时，向其及家属发出的正式通知，告知其权利、义务及羁押地点等信息。

（六）结案报告

案件侦查终结后，需对案件事实、证据及处理意见进行全面总结，形成报告。该报告是决定是否将案件移送起诉或予以撤销的重要依据。

三、民航警务文书的基本格式和内容

（一）基本格式

标题：明确标明文书种类，如“立案报告书”“现场勘查笔录”等。

编号：为每份文书分配唯一编号，便于归档和查询。

日期:记录文书制作或签发的具体日期。

制发单位:写明制作或签发文书的单位名称。

正文:详细记录文书内容,包括案件事实、证据材料、处理意见等。

附件:如有相关证据、照片、鉴定报告等,可作为附件附在文书后。

审批与签字:相关责任人审批并签字确认。

(二)内容概述

案件基本情况:包括案件发生时间、地点、涉案人员、初步案情等。

证据材料:列举并描述收集到的证据材料,如物证、书证、证人证言等。

侦查过程:记录侦查活动的经过、采取的措施、获取的证据等。

处理意见:根据案件事实和证据,提出初步处理意见或建议。

其他信息:包括相关人员的联系方式、案件后续处理情况等。

四、民航警务文书的适用情境

(一)刑事案件侦查

包括盗窃、诈骗、抢劫等发生在民航领域的刑事案件,需要制作立案报告书、现场勘查笔录、询问/讯问笔录等文书。

(二)安全检查与反恐

在安检过程中发现可疑物品或人员,需制作安全检查记录、可疑人员调查笔录等文书,以便后续处理。

(三)治安事件处理

如旅客纠纷、扰乱公共秩序等治安事件,需制作治安案件处理报告书,记录事件经过、处理结果等。

(四)执法监督与内部审查

对民警执法活动进行监督检查,或进行内部审查时,需制作相关文书,记录监督检查结果和内部审查意见。

五、民航警务文书的注意事项

(一)准确性

确保文书中记载的案件事实、证据材料等信息准确无误,避免误导或遗漏重要信息。

(二)规范性

严格按照规定的格式、语言和要求制作文书,确保文书的规范性和严谨性。

(三)时效性

及时制作、签发和执行警务文书,确保执法活动的连续性和有效性。

(四)保密性

严格遵守保密规定,确保文书中涉及的敏感信息不被泄露。

(五)沟通与协作

加强与相关部门和单位的沟通与协作,确保警务文书的顺利流转和执行。同时,关注案件后续处理情况,及时提供必要的协助和反馈。

【范例 17】

关于处理××航班安全事件的调查报告

一、事件基本情况

2023年××月××日,××航空公司执飞的××航班(航班号:CA××××),在由××机场飞往××机场的途中,发生了一起安全事件。据机组报告,航班起飞后不久,客舱内一名乘客突然情绪失控,试图冲击驾驶舱门,并大声呼喊,严重扰乱了客舱秩序,对航班安全构成潜在威胁。机组人员立即按照应急处置程序采取行动,成功将该乘客控制并隔离,同时向地面管制部门报告了情况。

二、事件处理过程

紧急处置:机组人员迅速启动应急预案,通过广播安抚乘客情绪,同时指派安全员和乘务员协同控制失控乘客,确保其无法继续危害航班安全。

信息通报:机组第一时间通过卫星电话向××民航公安局空中警察支队及地面管制部门报告了事件情况,请求协助处理。

安全降落:为确保航班安全,机组决定改变原定飞行计划,选择最近的××机场进行紧急降落。在降落过程中,机组保持高度警惕,确保飞行安全。

地面处置:航班降落后,××民航公安局迅速组织警力登机,将失控乘客带离飞机并进行进一步调查处理。同时,对航班进行安全检查,确认无其他安全隐患后,允许航班继续执行后续航程或安排乘客换乘其他航班。

三、事件原因分析

经初步调查,该乘客因个人原因在航班起飞前已表现出异常情绪,但未引起足够重视。在航班飞行过程中,其情绪进一步失控,导致安全事件发生。具体原因正在进一步调查中。

四、处理意见及建议

加强安全检查:建议各航空公司加强对乘客的安全检查力度,特别是对表现出异常情绪的乘客要重点关注,必要时可拒绝其登机。

完善应急预案:各航空公司应进一步完善应急处置预案,加强机组人员的应急培训和演练,提高应对突发事件的能力。

加强警民合作:民航公安机关应加强与航空公司的沟通协作,建立健全信息共享机制,共同维护航空安全。

关注乘客心理健康:建议社会各界关注乘客的心理健康问题,加强心理健康教育和宣传,提高公众对心理健康的认识和重视程度。

五、结语

尽管本次××航班的安全事件未造成严重后果,但它为我们敲响了警钟。民航安全至关重要,即便是最微小的疏忽也可能导致严重的后果。我们将以此事件为鉴,进一步强化民航安全管理,采取更加严密的措施,确保人民群众的生命财产安全得到最大程度的保障。

附件:

航班机组报告

乘客行为监控视频截图

地面处置情况记录

第六节　其他特殊事项报告单

一、特殊事项报告单常见种类

(一)安全类报告

1.飞行事故征候报告

记录与飞行安全相关的事故征候,如机械故障、飞行操作失误等。

2.安全信息报告

涉及飞行安全的威胁信息,如恐怖威胁、非法干扰等。

3.机组人员安全报告

记录机组人员在执行航班任务过程中的安全行为、观察和建议。

4.客舱安全(重大)事件报告单

记录在民航客舱内发生的重大安全事件,如飞机机械故障、行李砸伤旅客等。

(二)服务类报告

1.旅客投诉处理报告

针对旅客对航班服务、机组人员等方面的投诉进行记录、调查和处理。

2.客舱服务异常报告

记录客舱服务过程中出现的异常情况,如餐饮服务问题、娱乐设施故障等。

3.特殊旅客服务报告

针对需要特殊关照的旅客,如残疾人、孕妇、儿童等,记录其服务需求和执行情况。

(三)运营类报告

1.不正常航班报告

记录因天气、机械故障、交通管制等原因导致的航班延误、取消或备降等情况。

2.航空器故障报告

详细记录航空器在运行过程中出现的故障或问题,以及采取的维修措施。

3.地面服务异常报告

包括机场地面服务、行李运输、货物装卸等方面出现的异常情况。

(四)医疗类报告

1.医疗紧急事件报告

记录航班上发生的旅客或机组人员突发疾病或受伤等医疗紧急事件及应对措施。

2.特殊药品或医疗设备携带报告

针对旅客携带的特殊药品或医疗设备,记录其携带情况和使用需求。

(五)法律与合规类报告

1.违法违规行为报告

记录机组人员、旅客或其他人员在航班过程中涉及的违法违规行为。

2.合规检查报告

记录航班运行过程中的合规检查情况,包括安全、服务、运营等方面的合规性评估。

二、特殊事项报告单的特点

(一)实时性与准确性

需要及时记录航班过程中的各项情况,确保信息的准确性和时效性。这有助于航空公司和相关部门快速了解航班动态,及时处理潜在问题。

(二)详细性与全面性

内容需涵盖客舱服务的各个方面,包括乘客舒适性、餐饮服务、娱乐设施、乘客安全以及个性化服务等。同时,还需记录航班过程中的特殊事件,如紧急状况、乘客需求等,以便后续分析和改进。

(三)专业性与规范性

需要具备较高的专业性,使用规范的术语和格式。这有助于确保信息的准确传达,提高沟通效率。

(四)保密性与安全性

由于可能涉及乘客个人信息、航班安全等敏感内容,因此需严格遵守保密规定,确保

信息安全。同时，在传输和存储过程中也需采取必要的安全措施，防止信息泄露。

（五）总结性与反思性

除了对航班过程的记录，还应包括对工作的总结和反思。通过对服务质量的评估、乘客反馈的分析等，乘务员可以发现工作中的不足，提出改进措施，为提升服务水平提供依据。

三、特殊事项报告单的基本格式和内容

（一）基本格式

1. 标题

明确标明为“民航特殊事项报告单”。

2. 报告编号

为每个报告分配一个唯一的编号，以便于跟踪和查询。

3. 报告日期

记录报告提交的具体日期。

4. 填写人信息

包括填写人的姓名、职务、所属部门等。

5. 航班信息

包括航班号、起降时间、起降地点等。

6. 正文

详细记录特殊事项的内容、经过、影响等。

7. 附件

如有相关证据、照片、录音等，可作为附件附在报告后。

8. 签字与审批

相关责任人签字确认，以及可能的审批流程。

（二）内容概述

1. 事件描述

详细描述特殊事项的发生时间、地点、涉及人员、具体经过等。如有必要，可以使用图表、照片等辅助说明。

2. 影响分析

分析特殊事项对航班运行、乘客安全、服务质量等方面的影响。评估可能产生的后果,如延误、取消、乘客投诉等。

3. 应对措施

描述在特殊事项发生后所采取的紧急措施、处理办法等。记录与相关人员的沟通协调情况。

4. 建议与改进措施

基于此次特殊事项,提出针对性的建议和改进措施。强调预防类似事件再次发生的策略和方法。

5. 其他信息

包括相关人员的联系方式、事件后续处理情况等。可以添加备注信息,以便后续查阅和跟踪。民航特殊事项报告单的内容应准确、详细、客观,避免主观臆断和猜测。同时,报告的提交应及时,以便相关部门能够迅速了解情况并采取相应的措施。

四、特殊事项报告单的适用情境

(一)航班延误或取消

当航班因天气、机械故障、交通管制等导致延误或取消时,需要提交特殊事项报告单,详细记录延误或取消的原因、影响范围以及采取的应对措施。

(二)安全事件

包括飞行事故征候、安全信息报告等,如机械故障、火警、紧急疏散等。这些事件可能直接威胁到飞行安全,需要立即报告并记录详细信息,以便进行后续调查和改进。

(三)旅客突发状况

如旅客在航班过程中突发疾病、受伤或需要紧急医疗救助,乘务员需记录相关情况并报告给相关部门,确保旅客得到及时救治,并妥善处理后续事宜。

(四)货物与行李问题

当货物或行李在运输过程中出现丢失、损坏或延误等情况时,需要提交特殊事项报告单,记录具体情况并协调解决。

（五）非法干扰或安全威胁

如恐怖威胁、非法闯入、旅客或机组人员的不当行为等，这些事件可能对航班安全构成威胁，需要立即报告并采取相应的安全措施。

（六）服务质量问题

针对旅客投诉、机组服务失误等服务质量问题，需要提交特殊事项报告单，记录具体情况并进行分析，以便改进服务质量和提升客户满意度。

（七）特殊保障任务

当航班承担特殊保障任务，如政治要客、VIP客户或其他重要人物乘坐时，需要提交特殊事项报告单，记录特殊服务安排、安全保障措施等，确保任务顺利完成。

五、特殊事项报告单的注意事项

（一）准确性

1.事实核实

确保所记录的特殊事项内容真实可靠，避免夸大或缩小事实。

2.细节描述

尽可能详细地描述事件的经过、时间、地点、涉及人员等，以便他人理解事件的完整过程。

（二）完整性

1.全面记录

不要遗漏任何与特殊事项相关的重要信息，包括事件的原因、影响、处理措施等。

2.附加证据

如有必要，附上相关证据材料，如照片、录音、视频等，以支持报告内容。

（三）及时性

1.尽快提交

特殊事项发生后，应尽快完成报告单的填写并提交给相关部门，以便及时处理。

2. 实时更新

如事件有进一步发展或新的信息出现，应及时更新报告内容。

（四）规范性

1. 格式规范

按照航空公司或相关机构的要求，使用统一的格式和模板填写报告单。

2. 语言规范

使用客观、准确、简洁的语言描述事件，避免使用模糊或主观性的表述。

（五）保密性

1. 信息保密

确保报告单中涉及的敏感信息不被泄露，如涉及个人隐私或商业机密的内容。

2. 限制传播

报告单在提交后应限定传播范围，避免不必要的扩散。

（六）沟通与协作

1. 跨部门沟通

涉及多个部门或单位的特殊事项，应加强与相关部门的沟通与协作，确保信息的准确传递和问题的有效解决。

2. 后续跟进

报告单提交后，关注事件的后续处理情况，及时提供必要的协助和反馈。

【范例18】

乘务客舱工作简报

一、简报基本信息

标题：××航空公司××航班乘务客舱工作简报

报告编号：CXJB-2023-××-××

报告日期：2023年××月××日

填写人信息：姓名：张三，职务：乘务长，所属部门：客舱服务部

航班信息：航班号：CA××××，起飞时间：××:××，降落时间：××:××，起飞地点：××机场，降落地点：YY机场

二、航班概况

本次航班整体运行平稳，乘客共计××人，机组人员××人。航班中提供了标准的餐饮服务，娱乐设施运行正常，乘客情绪稳定，整体满意度较高。

三、服务亮点

个性化服务：针对一位带婴儿出行的母亲，乘务组特别提供了婴儿摇篮和儿童餐食，确保了母婴的舒适与安全。

高效应对：在航班中段，一名乘客突发身体不适，乘务员迅速响应，提供了必要的医疗援助，并协调机组进行紧急降落准备，最终乘客得到及时救治。

四、特殊事项报告

（一）医疗紧急事件

事件描述：航班起飞后约两小时，一名乘客（座位号：××A）突然感到胸闷、呼吸急促，乘务员立即上前询问并启动紧急医疗程序。

影响分析：该事件未对航班整体运行造成显著影响，但要求乘务组迅速、专业地应对，确保乘客安全。

应对措施：乘务员为乘客提供了氧气面罩，并通过广播寻找医生协助。同时，机组决定就近备降，并通知地面医疗团队做好准备。

结果：乘客在备降后得到地面医疗团队的及时救治，目前情况稳定。

（二）旅客投诉处理

事件描述：一名乘客（座位号：××B）对餐饮服务表示不满，认为餐食质量不符合预期。

处理过程：乘务长亲自向乘客道歉，并详细询问了投诉原因。随后，提供了额外的餐食选择，并承诺将反馈至相关部门进行改进。

结果：乘客对乘务组的处理表示满意，并接受了额外餐食。

五、服务总结与反思

服务总结：本次航班乘务组在保障飞行安全的同时，提供了优质的客舱服务。面对突发事件，乘务员能够迅速、冷静地应对，确保了乘客的安全与舒适。

反思与改进：针对餐饮服务投诉，乘务组将进一步加强与餐饮部门的沟通，确保餐食质量符合乘客期望。同时，加强对乘务员的培训，提高服务意识和应对能力。

六、附件

医疗紧急事件现场照片

旅客投诉处理记录

思考题:

1. 民航广播词的主要特点是什么？如何体现其紧急性与信息准确性？

2. 飞行日志需要记录哪些关键信息？这些信息对飞行安全有何重要意义？

3. 民航行业常见的手册有哪些？它们各自的主要用途是什么？

4. 事故分析报告的撰写应包含哪些基本要素？

5. 民航领域中有哪些常见的特殊事项需要通过报告单来记录和报告？

国家公文写作标准（摘录）

参考文献

[1] 钟翠红,王翚.新编应用文写作教程[M].3版.南京:南京大学出版社,2023.

[2] 王用源.应用文写作技能与规范:慕课版[M].北京:人民邮电出版社,2021.

[3] 辛辉,荣丽双.新编常用公文写作范本全书:文书释义、格式模板、文书范本、写作技巧、场景案例、应用提示[M].3版.北京:中国法制出版社,2020.

[4] 陈涛涛.党政机关公文写作处理:规范方法与范本[M].4版.北京:中国法制出版社,2018.

[5] 冯长根.科技论文病句评改[M].北京:中国科学技术出版社,2011.

[6] 耿凤娟,努丽亚提·努尔夏特.学术论文写作中关键词的选取问题与规范[J].乌鲁木齐职业大学学报,2024,33(2):58-60.

[7] 梅毅林.新时代背景下创新基层党建工作的路径[J].农电管理,2024(6):47-48.

[8] 张路.以党建为引领,推动电力公司精神文明建设高质量发展的思考[J].现代企业文化,2024(14):104-106.

[9] 贺鹏臻.电力企业党建在提升企业竞争力中的作用研究[J].现代企业文化,2024(13):86-88.

[10] 李桂英.基于互联网+时代背景下的电力企业党建创新策略探究[J].中国军转民,2024(8):67-68.

[11] 周翔.电力企业开展党建思想政治工作的作用与策略[J].现代企业文化,2024(10):64-66.

[12] 李桂英.转型发展背景下的电力企业党建价值观塑造研究[J].中国军转民,2024(6):38-39.

[13] 周敏,郭华.推动电力企业党建工作与生产经营工作的深度融合[J].现代企业文化,2024(8):115-117.

[14] 梁超,张真毓.基于岗位需求的应用写作课程实践[J].应用写作,2024(2):41-44.

[15] 赵晶晶,贾红莲.试论应用写作中的逻辑性[J].应用写作,2024(2):8-11.

[16] 邱凌.课程思政背景下应用写作课堂教学设计初探:以“个人简历”为例[J].重庆电力高等专科学校学报,2023,28(S1):70-74.

[17] 胡元德."依葫芦画瓢":公文写作的格式规范与内容模式[J].新闻与写作,2023(9):106-108.

[18] 王小江.实践能力输出导向下的应用文写作教学改革[J].应用写作,2023(4):40-45.

[19] 郑红兵.行政公文写作存在的不规范问题探究[J].办公室业务,2023(4):7-8.

[20] 叶烨.对课程思政的思考与实践:以应用写作课程为例[J].应用写作,2023(1):38-42.

[21] 马艳萍,杨凤霞.学术论文写作中的常见问题和注意事项探究:以数学类学术论文为例[J].新闻研究导刊,2021,12(21):66-69.

[22] 王丹阳.机关公文写作规范探究[J].办公室业务,2020(5):4,6.

[23] 许小燕.公文写作教学要培养学生的政策意识和规范意识[J].应用写作,2020(3):33-35.

[24] 黄晓芬.公文写作中口语规范性使用探析[J].淮北职业技术学院学报,2019,18(6):69-71.

[25] 尹绪彪.民航大学生公文写作现状及对策分析[J].高考,2018(9):10.

[26] 邓敏锐.公文写作常见问题及规范管理[J].办公室业务,2015(23):17-18.

[27] 栾照钧.公文写作应注意目的句的使用规范[J].应用写作,2015(3):10-13.

[28] 王颖儒.浅析公文写作的规范性以及语言运用的正确性[J].青年文学家,2014(32):155,157.

[29] 杨庆慧.公文写作工作中出现不规范现象的原因与策略探析[J].办公室业务,2014(21):15.

[30] 余东衍.如何在公文写作中规范运用缩略语[J].办公室业务,2014(6):11-12.

[31] 吴瑞玲.新公文格式视域下基层公文写作规范化问题探析[J].山西档案,2014(3):51-54.

[32] 黄晨.机关文化中的一个不和谐因素:论机关公文写作不规范现象[J].赤峰学院学报(汉文哲学社会科学版),2012,33(3):123-124.

[33] 王佳.大学生公文写作中的问题和对策[J].现代语文(学术综合版),2012(9):63-64.

[34] 冯国栋.培养理工科大学生公文写作能力的意义和途径[J].中小企业管理与科技,2012(12):192-194.

[35] 吴新元.公文正文写作格式规范新论[J].应用写作,2011(9):10-15.

[36]孙百臣.案例式公文写作训练的程序及模式[J].秘书之友,2010(12):41-43.

[37] 栾照钧.浅谈公文对应文种的行文规范:对公文写作规律问题的再探讨[J].秘书之友,2010(7):32-35.

[38] 魏形峰.准确、简明、规范:透过错误分析看行政公文标题写作的原则[J].写作,2008(23):28-31.

[39] 张立云.简论公文写作单项训练的内容与实施[J].佳木斯大学社会科学学报,2008(2):129-130.

[40] 高鸿雁,阎杰.公告写作规范评述[J].应用写作,2007(12):14-16.

[41] 程建明.试论公文写作应具备的若干基本意识[J].中共山西省委党校学报,2007(3):110-111.

[42] 韩大伟.正确 规范 完整 明晰:浅谈应用写作教材"公文格式"编写法[J].应用写作,2003(7):9-12.

[43] 韩大伟.会议纪要的分类与写作规范探析[J].应用写作,2003(4):16-18.

[44] 王彤.论《应用写作》基础教学中的文面规范[J].包头职业技术学院学报,2002(2):57-58.

[45] 吴新元.从香港公文写作看公文正文写作规范化[J].应用写作,2001(9):4-6.

[46] 周宏.浅谈商务信函的写作规范及技巧[J].阅读与写作,2001(2):29.

[47] 廖文.公文写作中常见的几种语病[J]. 阅读与写作,2001(8):25.

[48] 黄雳.财经应用文的格式问题[J].湖北财经高等专科学校学报,2000(3):53-55.

[49] 俞筱敏.试论公文写作训练原则[J].连云港职业大学学报,1993(3):24-26.